Letters on Love
Life
and Death

穿越
生死的
情书·

唐婧 何心 著

△ 团结出版社

图书在版编目（CIP）数据

穿越生死的情书 / 唐婧，何心著. -- 北京 ：团结
出版社，2019.8
ISBN 978-7-5126-7086-0

Ⅰ. ①穿… Ⅱ. ①唐… ②何… Ⅲ. ①心理学－通俗
读物 Ⅳ. ①B84-49

中国版本图书馆 CIP 数据核字 (2019) 第 092529 号

出　版：团结出版社
　　　　（北京市东城区东皇城根南街 84 号　邮编：100006）
电　话：(010) 65228880　65244790　（出版社）
　　　　(010) 65238766　85113874　65133603（发行部）
　　　　(010) 65133603（邮购）
网　址：http://www.tjpress.com
E-mail：zb65244790@vip.163.com
　　　　fx65133603@163.com（发行部邮购）
经　销：全国新华书店
印　装：三河市东方印刷有限公司

开　本：145mm×210mm　　32 开
印　张：6.25
字　数：98 千字
印　数：5045
版　次：2019 年 8 月　第 1 版
印　次：2019 年 8 月　第 1 次印刷

书　号：978-7-5126-7086-0
定　价：38.00 元

谨以此书

献给挚爱的彼此

这是一个最好的时代，这是一个最坏的时代；

这是一个智慧的年代，这是一个愚蠢的年代；

这是一个光明的季节，这是一个黑暗的季节；

这是希望之春，这是失望之冬；

人们面前应有尽有，人们面前一无所有；

人们正踏上天堂之路，人们正走向地狱之门。

——狄更斯《双城记》节选

目 录

# 序

2019 年清明节前夜，接到唐婧为她的新书写序的邀请，感慨万千，一时却不知如何下笔。

认识唐婧九年了，我们一起经历了很多。记得第一次见面，她来外企面试。我很好奇一个学心理学本来要做医生的人为什么会来屈就申请一个秘书的职位。她说之前当心理医生的那段经历让她非常挫败，她想先过一段"简单"的生活。我给了她一个非常挑战的面试任务，看得出她特别紧张，但是她没有退缩，坚持尽力完成了。她的坦诚和坚毅打动了我，然后我们从上下属，逐渐变成了朋友，最后变成了"战友"。

我在美国工作的时候曾经有过用"话"疗的心理治疗方法帮助乳腺癌患者朋友康复的经验。回国之后一直希望能够继续这方面的工作，于是我和唐婧，还有几位朋友就一起创建了一个公益组织帮助妇科癌症患者做术后心理康复，以预防复发。后来，我离开外企自己创办学校，忙不过来，唐婧依然坚守着。

过了两年，有一天她打电话来说她辞职了，要创业做自己的心理工作室。我特别为她高兴，因为我知道，她是一名战士，她要回归她的战场了。

之后的几年里，我们共同经历了三位好友的离世。我们共同探讨人生、探讨生死。后来她遇到了何心。第一次听她谈起他，我就知道这个人将是她此生的灵魂伴侣。

我很喜欢《穿越生死的情书》，因为里面有唐婧、何心二人的坦诚和坚毅，因为里面有很多我们曾经共同困扰、共同思考的问题，更重要的是因为，死并不是生的终结，死只是生的一部分而已。

谢康

明悦教育创始人

原戴尔大中华区战略总监、亚太及日本地区销售及服务总监

全球数据管理分析总监

前言一

# 生亦无憾，死亦温暖

《穿越生死的情书》是一部以书信为表达形式的纪实体小说。

这是一本极其个人化的作品，它来源于数年如一日我们与死亡的朝夕相伴，来源于这些生命故事给我们的震撼，来源于绝望深处的爱与深情。所以，这不是一本心灵鸡汤，也不是正能量补血剂，也不是深刻的哲学读本。它只是人间真实的样子，那些你看过的，或没有看过的人间一角而已。

我们不得不面对这个真相——生命随时可能以各种形式消亡。正如村上春树在《挪威森林》里说的："死不是生的对立，而是它的一部分。"死亡是我们终将面对的议题。它是生命本身的孪生子，是我们无法割裂与回避的宿命。

这些文字包含了我们自己对生死议题的探索——对生命的热爱和对死亡的敬意。从我们的病人身上，我们学到了太多东西，这其中有爱，有意义，有智慧，还有勇气。

今天，我们把这些故事分享给你，邀请你一起去探寻、去领悟、去思考。我们期望，你宝贵的余生，可以因此而发生一些改变，活得有一点点不同，一点点就好。

人生一世，如白驹过隙，唯愿我们生而无憾，死亦温暖。

何心

2019 年 7 月 7 日

前言二

## 今天我们只谈生死，莫管闲事

我是一个心理咨询师。

我的世界很小，只有一个 20 平方米的咨询室那么大。每一天，我坐在这里，听来访者们讲他们的人生故事。我觉得，在这个小小的房间里，我已度过了好几辈子。

2017 年冬，我认识了一个人。在长途火车上，我们聊了20 个小时。他是一名外科医生。他说，我的世界很大，那是整个人间的模样。下车的时候，他说，我们写一本书吧，把这些故事写下来。让人们去看，去思考。

我知道，这个世界上，真实的东西并不太讨人喜欢。人们不愿意看到真相，更愿意活在朋友圈和美颜相机里。而我却觉得有必要把生命和死亡的本来面目素颜呈现。因为，这是我们终将面对的议题，它不会因为我们不愿、不想，或不敢面对而放过我们。既然终将面对，则无须畏惧，直面就好。在此过程中，迷惘和困惑，顿见和领悟都会有，都是我们生命历程中宝贵的礼物。让生命更丰盈，让死亡更深情。

　　我是一个喜欢幻想的人。我常常假设，如果真有平行空间，另一个空间里我会怎样活着。《穿越生死的情书》这部作品给了我一个机会，让我化身"林寻"活在另一个空间里。当我看到她，就像看到自己的影子，亦真亦幻，亲近又远离。

　　这是我第一次创作纪实体小说。对我而言，是意义非凡的历程。你也许会问我，小说里的那些人和故事都是真实的吗？我会回答，他们都不是真的，却也不是假的。他们是很多人们和故事的混合、融汇、提炼和选择，而不是某些人和故事的写实。所以，你不要去对号入座，或者去猜谁到底是谁。我们去感受故事本身，去感受故事背后的情感和意义，才是真正的收获。别的，都不重要。

　　仓央嘉措说："这世间事，除了生死，哪一件事不是闲事？"

　　今天，我们只谈生死，莫管闲事。

唐婧

2019 年 7 月 7 日

# Letter 1: 我想和你谈谈死亡

林 寻:

你好!

我是一名神经肿瘤外科医生。我的工作是每天在手术台上,打开人的大脑,找到病灶进行切除、疏通和缝合。这是我工作的第七个年头。

我手里的咬骨钳打开过上千个人的头颅。这些人里面,有的痊愈了,有的死了,还有的,不生也不死,他们静静地躺在那里,成了植物人。每天查房,经过他们身边,我都会静静停留一会儿。我在心底问他们: "如果你可以说话,你会怎么选? 是像这样活着,还是愿意死? "当然,他们从没有回答过我。走出病房的时候,我会默默祈祷,请求上天,不要让我有这样一天。

人们总觉得死亡是最可怕的。可他们不懂,有时比死亡更可怕的,是死不了。如果一个人活着,没有意义、没有快乐、没有尊严,又有谁愿意活着？

上周末，我看了你的直播《我想和你谈谈死亡》。在节目里你说：
"我们穷其一生探索生命的意义，追求自己想要的生活，却忘了死亡
也是生命的一部分。离开死亡去谈生命，我们看不清生命的全貌。"

我是一个看惯生死的人。我们这一行里，许多医生都在多年的职
业生涯后对生死渐渐麻木、失去感觉。我不希望有一天，自己也变成
那样。我想一直保留对这个世界的触觉，即使疼痛或失望，至少可以
看到世界真实的模样。

所以，我写信给你，我想和你谈谈死亡。每一天，我身边都发生
着与死亡有关的故事，它们让我无助，让我迷茫，也让我感动和满怀
希望。我想听听你的看法。如果你愿意，下一封信，我跟你讲讲。

另外，我很好奇，你这般笑容温暖的心理咨询师，为什么对死亡
这个议题感兴趣。如有可能，静盼分享。

未然医生

2017 年 6 月 27 日

# Letter 2：不知死，焉知生？

**未然医生：**

你好！谢谢你的来信。

期待分享你的故事，也期待探讨死亡这个议题。

你问我，一个笑容温暖的心理咨询师为什么对死亡议题感兴趣，我想，这大概与我的童年以及这些年的经历有关。

小时候，我是一个有"天使情节"的孩子。

我的妈妈是一名血液分析师。每天放学，我等在实验室门口，会从里面走出一群穿蓝色隔离服、帽子口罩全副武装的人，好像刚刚完成登月从太空返回的宇航员。我努力分辨着哪一个是妈妈，却总认不出。

妈妈说，他们在研究一种叫艾滋病的病毒。艾滋病，那是一种不治之症，患者会丧失免疫功能，死于细菌或病毒的感染。但有一天，我们一定会找到办法治愈它。

　　妈妈脱下隔离服，换上白大衣，带我走在医院长长的走廊上。原本拥挤的走廊，会从中间让出一条路。妈妈走在前面，我跟在后面。我看见那些病人望着妈妈，眼里满是期盼和渴望。

　　妈妈说，白大衣是世间最美的战袍。一旦你穿上它，就要在生与死的战争中，为你的病人奋战到底。

　　我想，有一天我会长大。等我长大，我要穿上它。

　　20 年后，英国留学归来的我，入职北京某三甲医院，成为一名心理医生。当我穿着白大衣，走在医院长长的走廊里；当护士把病人的检查结果交到我手心上；当病人用满怀期盼的眼神看着我，我原以为的开心、自豪与荣耀，都化作了深深的迷惘。我这才感受到，"白衣天使"光环背后，是疲惫、委屈与无能为力。超负荷的工作，写不完的病历，病人家属的期待与误解，日夜难安的责任与牵挂，年轻的我终于不堪重负，选择了逃离。

　　这一逃就是 7 年。7 年之中，换了三家 500 强外企。我看着 CBD 由鼎盛繁华走到全球经济危机；看着"过劳死"从骇人听闻的"谣言"变成人人自危的"警示"；看着身边所向无敌的"白骨精"队友，变成肿瘤患者，到最后含泪撒手人间。

　　我变了。我开始沉静下来，问自己："什么是你想要的生活？什么是真正有意义的事？"

　　从外企辞职两个月后，我开设了自己的心理工作室，重回心理咨询行业。

　　我想，世上大概真是有使命这种东西的。冥冥中，有一根丝线细细牵引，带我去该去的地方，做我该做的事情。这一次，没有"白衣天使"的光环，我一样可以张开双翼，守护那些需要帮助的人。

　　之后的 5 年里，我陪伴了一千多位来访者，他们教会我生命的坚韧、爱的可贵，以及死亡于生命的意义。

　　存在主义心理学家欧文亚龙说，人的一生有四大终极议题："自由、孤独、死亡与无意义。"这其中，我认为最为根本的是"死亡"。只有明白了死亡，剩下的三者才可以释然。

　　我曾试图开导一位晚期胰腺癌患者，鼓励他积极生活，把剩下的日子过好，不要终日沉浸在悲观情绪里。他痛苦地摇头，说："不，我做不到！我满脑子想的都是怎么死，根本想不到怎么活！"那一刻，我突然明白了，原来，死亡是无法回避的，只有想明白了"怎么死"，一个人的心才能踏实下来，才有余力去思考"怎么活"。

　　后来，我陪伴他用了好几个咨询单元，仔细探讨他对死亡的"规划"，包括：他希望怎么死，死在哪里，死在哪些亲人身边，器官要不要捐献，遗嘱如何订立，墓葬如何选择，墓碑如何撰写，遗物如何分配等。当他做好了这一系列"死亡规划"，整个人都平复下来不再慌乱。我们终于可以平静地坐在一起，讨论接下来的日子怎样"好好活"。

　　所谓"不知死，焉知生？"。也许，人只有面对死亡能够心怀安宁与笃定的时候，对于生命和自由才能无所顾忌地追寻和感受。

　　此后，心理咨询成为我的世界里意义的核心，"死亡"也成为我不断去探索的议题。

　　以上是我的回答。希望没有让你失望。

　　静待你的分享。

林寻

2017 年 6 月 30 日

# Letter 3：白大衣，世间最美的战袍

林　寻：

　　你的故事让我思考了许多。我常常想，一个人如果执着于一件事，多是因为两个理由：理想，或者创伤。在你身上，我看到它们全部。同样，我身上也有。

　　我一直觉得，拿手术刀是一件很酷的事情。特别当你打开的，是一个人的大脑。无影灯下，你手指的每一个动作，都是命运的对决。有时候，起死回生和万劫不复之间，仅仅相差 0.5 毫米。那种感觉，像上帝。我会在手术结束的时候，坐下来，专注地看着自己的手。这是我个人的一个仪式。

　　我生命中最刻意保护的，就是这双手。因为它们身上，有别人的命。

　　当然，也有很多时候，我不得不正视自己的无力。死亡让人心怀敬畏，当它决意要来，谁也阻止不了。

它第一次来到我面前，我还是个实习医生。大学毕业，在急诊科轮岗。一位老人深夜就诊，说心脏难受。主治医生正在写病历，老人突然倒地、呼吸心跳骤停。深夜安静的走廊，顿时乱作一团。人工呼吸、心脏复苏、忙乱的抢救，同事们一个个从我身边穿过，而我呆在原地仿佛石化。脑中只有一个念头——"她要死了"。主治医生冲我大喊："如果你不知道该干什么，就把道让开！"他离我很近，声音却像从很远传来，我呆愣了几秒，退到一边。那是我第一次目睹死亡的全部过程，自始至终，我都站在一旁，什么都没做。

第二次是观摩手术。一支国内顶尖的外科团队为一位病况罕见的患者手术。手术室外的监控屏幕下挤满了人，大家都期待着教科书般经典的成功。然而，那却是一次惨痛的失败。从病人推进手术室、手术刀落下的那一刻，一切就在不断地背离预期。外边围观的同事，从紧张到焦灼到坐立不安，到后来，只有此起彼伏的叹息。你能感觉，一个鲜活的生命在安静中快速消逝，而你不管做什么，都没有用。死亡太强大，我们不是对手，那是一种近乎绝望的挫败。手术结束，医疗团队打开门走出来，每个人脸上都是一片死寂，没有人说话。我在他们脸上看到死亡的气息。这种气息和我以前学解剖时，从尸体身上看到的截然不同。这种气息，更绝望。

我讨厌这种气息，我讨厌死亡以强悍的姿态站在对面，居高临下的俯视我。它让我看到，自己的脆弱和无力，微不足道。

你说，小时候妈妈告诉你，"白大衣是世间最美的战袍。一旦穿上它，就要在生与死的战争中，为病人奋战到底。"是的，这就是我们的使命。医生的天职，是与死亡为敌，但凡有一线生机都不会放弃。为了这使命，每一天我都在磨砺自己。我渴望成为真正的"上帝之手"，从死神的手上，夺回我要的生命。这，才是"白衣天使"应有的尊严，才是一个医生名至实归的荣耀。

为了这一天，我愿在手术室苍白的无影灯下，再沉默十年、二十年。

未然医生

2017 年 7 月 2 日

## Letter 4：这恐惧无处可逃，我们只能面对

未然医生：

你的信在我脑中勾勒出一副画面：无影灯下，手术医生举起双手，背影坚定犹如信仰。我想，这大概就是你所说的"上帝之手"。我相信：不管十年，还是二十年，终有一日，你会成为它。

这些天，我这里来了一位特殊的来访者，让我思考了很多。我想听听你的看法。

这是一位 41 岁的男性，肝癌晚期，癌细胞转移到了肺部和大脑。医生说，大概还有 18 个月的时间。

他问我："你能让我不怕死吗？我知道我必死无疑，但我太害怕了。如果你能让我不怕死，多少钱我都给你！"

他说："你知道这世上比死更可怕的是什么吗？是等死。想象18 个月后，你会被切开气管、胸腔插满管子、饱受折磨而死。然后

每天早晨醒来，你就会告诉自己，嘿，小哥们，你还剩 17 个月零 29 天，17 个月零 28 天，17 个月零 27 天……那种感觉，有多恐怖，你懂吗？"

他说："我每一天都想自杀。我从楼道的第一层爬到二十层，感觉心脏在胸腔里狂跳、下一秒就要爆炸，那种感觉太痛快，就像下一秒就可以猝死，什么痛苦也没有了，全部解脱了。"

我沉默了一会，问他："既然那么怕死，为什么又想死？"

他苦笑，摇头："没有什么比死亡本身，更能终结对死亡的恐惧。死了，就不怕了。我只想，最后，如果一定要死，能死得好受点儿。"然后他问我："林老师，你知不知道哪里可以做'安乐死'？"

他说："我从网上看过一个视频，里边是一位 93 岁的欧洲老人，因不堪癌痛，在医生的帮助下实施安乐死的全过程。视频里，老人的亲友穿着礼服手捧鲜花，到现场与他拥抱告别，现场演奏着温馨的音乐。很多人在评论区留言，说，老人很幸福，从此解脱了，不会再有恐惧和痛苦。我好羡慕，这才是一个人结束生命的最好方式。"

我看着他的眼睛，许久。我说，很抱歉，我无法帮你去死，我只能帮你在这 18 个月里好好地活。用死亡去逃避对死亡的恐惧是没用的。这恐惧无处可逃，我们只能面对。我会和你一起，在黑暗中找到光明。

他把眼泪压住，用力点点头。后来，我们约定了每周三下午的咨询。

他走后，我思考了很多。我忽然明白，你在第一封信里提到的："有时比死亡更可怕的，是死不了。如果一个人活着，没有意义、没有快乐、没有尊严，又有谁愿意活？"那一刻，我似乎理解了他对于"安乐死"的渴望，也理解了，视频中帮助患者实施"安乐死"的那位医生。你说："医生的使命，是与死亡为敌，只要有一线生机都不能放弃。"但我想，或许你和那位医生都没有错。

医学的使命，是把人救活。可诚实地说，当代医学常常在做的事，是明知没有希望还坚持把人治到死。所以，我的来访者，他恐惧的不是死亡本身，而是在生命的最后，可能会承受过度医疗带来的创伤和痛苦。

从某个视角而言，作为医生与作为心理咨询师，我们的使命是一致的——希望病人活下来，更希望他们有限的人生，活得安宁幸福，活得有质量、意义和价值。

我能理解——作为一个接受严格职业训练的医生——你对于死亡的敌意。我也与你一样，充满对生命的热爱和使命感。但我想，如果人生的开头与结局都是必经之路，那么，或许我们可以放下心中挣扎，让生命自然的来，坦然的去。

终点的早晚不重要，重要的是，终点来临之前，人们的心能得以抚慰、得以安放。

林寻

2017 年 7 月 5 日

# *Letter 5*：我们是背靠背迎敌的战友

林 寻：

今天我听了一个讲座。来自台湾的同事介绍他们的安宁病房，重疾患者在生命末期，得以减轻痛苦、保护尊严和享受人文关怀，无须承担过度的医疗。看着那些温暖的视频：窗明几净的房间，到处流淌着轻柔音乐，护工陪患者们聊天，给他们梳洗理发。你会觉得，死亡也有柔软的一面，它也有温度、有爱。

北京的一家医院也开设了第一个安宁病房，在血液肿瘤科，负责人是一位资深的肿瘤医生。她说："我曾经抑郁，因为我的病人们一个个都死了，作为一个医生，我找不到自己的意义。后来，我逐渐明白，如果治不好，那么，把他们好好地送走也是我的职责，那也是我的意义，并且非常重要，无可替代。"

她说，在作一个肿瘤医生 30 年后，她把工作重心从治疗转移到了缓和医疗领域。从帮助病人们挣扎求生，转向帮助生命末期的患者们欣然赴死。她坦言："死亡质量和生命质量一样，都是人类幸福的关键。"

她的话，我很有共鸣。作为一个接受多年严格职业训练的医生，曾经，我对于死亡充满抗拒。从小，成为外科医生就是我的梦想。我曾无数次幻想过行医时的场景，手起刀落，出神入化，救人于危难，挽狂澜于乱世，像一位武功盖世的大侠，所过之处，尽是欢呼、掌声和世人的崇拜。然而，当梦想降临，我才看清现实的苍白。再高明的外科医生，也不可能完美地完成每一台手术，意外、失败和死亡，都是等在我路途上的必修课。

我常常做噩梦，梦见我的患者死了。我觉得他们是我杀死的。我失败了，手术没能救活他们。醒来以后，我会反复冲洗自己的双手，好像上面沾满了血迹。

每一天，每一台手术，我打开患者的大脑，切除病灶再缝合。可完美的切除，不代表完美的结局。术后的并发症，如同飞来横祸，常给我自认为完美的手术来上狠狠的一巴掌。术后的肿瘤病理结果，更是常常出人意料，令人欣喜也令人绝望。

每一天，都有患者来问我："医生，为什么是我？我是好人啊，老天不公平！"我不知该如何回答。每一天，他们问我，他们的肿瘤是良性还是恶性，但其实他们并不懂良性和恶性的区别，他们只想知道，自己还有多少时间。我知道，他们想要活着，可我无法承诺他们。

更多时候，他们想要的不仅仅是活着，而是有质量的活，甚至恢复如初，像没有发病的时候一样。所以，我需要在手术和他们的期望上，不停地寻找平衡点。

命运像一个转盘，谁都猜不出弹珠最终会停在哪里。你只能一边往前走，一边期待、一边强求、一边平复，而最终的结局，也只能是"尽人事，听天命"。

坦白地说，我曾经就是那种坚持把人治到死的医生。医学的先进，让我们傲慢——我们对病人的生存期限做出推测，让他们活得惶恐不安；我们人为地延迟病人的死亡时间，让他们经受无谓的痛苦；我们制造出独特的活不了又死不了的"植物人"，让他们的家人绝望挣扎。这种傲慢，让我们失去了对生命的敬畏。我曾以为，如果人生的开头与结局都无法避免，那我的职责就是尽可能地推迟终点的到来。但是，经过这些年，我也变了。从医时间越久，越会深刻地体会到，生命意义与生命长度的不同，二者孰轻孰重，无法衡量。对于死亡，它既残酷又悲悯，让人满怀敌意，又不得不心生敬意。

我想，你是对的，当我们放下心中的挣扎和执念，让生命自然的来，坦然的去，或许，死亡也会变得柔软和温情。

如此看来，我们也是背靠背迎敌的战友。

未然医生

2017 年 7 月 8 日

# Letter 6：有时，死亡也是爱

未然医生：

　　谢谢来信。

　　让我看到满怀坚定和使命感的你，对于生命与爱的温情。

　　你说："死亡它既残酷又悲悯，让人满怀敌意，又心生敬意。"
是的，有时候我也觉得，死亡也是温暖的，它也是一种爱。

　　我爷爷去世的时候 88 岁。他的肺部长了一个鹅蛋大的肿瘤，在
最后的日子里，呼吸困难，意识恍惚。他住在医院的病房里，不能下床，
由护工照顾着。每次清理大小便和擦拭身体时，他总会吃力地抬起插
满输液管的手，示意我们出去。他不想让我们看到，他狼狈的样子。

　　爷爷一辈子荣耀而坚强。自幼受教于私塾，饱读诗书，才华横溢。
28 岁时做了湖南省湘潭县的县长，之后作为领导干部带头支援边区
建设，去了贵州。经历"文化大革命"的坎坷洗礼，再次重返公职岗

位，一生清廉，鞠躬尽瘁。记忆中，爷爷数十年如一日，穿着洗旧却干净的中山装，对子女要求严格，威仪而和蔼。

在生命的最后三天里，他说得最多的话是："我想回家。"可儿女们说："爸，不行，你得住在这里，咱家没有呼吸机，也没有抢救的条件……"

管床医生和护士每几个小时就和我们沟通一次，问："你们家谁做主？这样下去，病人很快就会全身器官衰竭，抢救，还是不抢救？插管，还是不插管？"家人们面面相觑，谁也无法决定。抢救吗？抢回来也不过是多几天。不抢救吗？谁做这个决定，谁就是送走老人的那个人。

那天我赶到医院的时候，六七个医护人员围着爷爷的床在给他插胃管。老人不断挣扎，打翻了东西，抓坏了床边的围帘，扯断了好几根管子，他呼吸困难、吃力地喊："你们要干什么？你们别过来，我不插，你们别过来！"

我在外边眼泪就掉了下来。我不曾想过，一米八三的高大魁梧的爷爷，骄傲了一辈子的爷爷，有一天，却不得不躺在病床上任人摆布，连自己最后一丝的尊严都无法维护。

我冲进病房对医护人员说："不插了，不插了！不抢救了，医生，我们不抢救了！"满头大汗的医生直起身来，问我："决定了吗？你能代表你们家人做主吗？"我含泪点头。

两天以后，爷爷去世了。

　　他去世那天，我如释重负。我的爷爷，我高大而骄傲的爷爷，他再也不用受苦，他带着一辈子的尊严，体体面面地离开。没有创伤，没有痛苦，没有遗憾，唯有如此完整的死亡，才配得上他荣耀的一生。

　　我想，死亡并不完全是一件坏事。它也可以是痛苦的终结，是尊严的谢幕，是生命意义的升华。

　　如果，我们能够成全这样的死亡，那，也是一种爱。

林寻

2017 年 7 月 11 日

# *Letter* 7：他们追求的只是一种幻想

林 寻：

你放手让爷爷平静地离开，很触动我。因为在我身边，看到了太多人放不开手。

今天上午8点，临上台前，我取消了一台手术。这是从业7年来，我第一次在手术室门外，以强硬的姿态劝退患者。这也是近半个月来，第七次我与他的家人对谈。

患者21岁，因频繁头痛呕吐前来就诊，却在CT检查时意外发现好几处颅内多发转移瘤。因是家中独子，平时备受重视，他的父母、祖父母还有家里所有的亲戚，十几口人全都来了。大家看着CT片上的几处阴影，极度恐慌。当即要求手术，想把那可怕的东西拿掉。然而他们不知道，那不是一个简单的切除，而是一系列危险系数极高的手术，并且，对于患者毫无意义。这是一种多个部位同时发生且缓慢演进的疾病，手术无法治愈他，只会为他增加无谓的痛苦，为整个家庭增加巨大的负担。

我把病情的全部告诉了患者。他说："医生别放弃我，哪怕还有万分之一的希望，你一定要给我试试，我还年轻，我不想死。"

我没有回避而是诚实地讨论他的选择，也尽力解释各种治疗方案的风险，然而他听不见，他只听得见他想听的话，他坚持要求手术，他选择坚持他的幻想。

我把病情如实告诉了家属。一大家子十几口人，长谈了一整夜。他们最终决定让患者接受这一项高风险的手术，只为延长他几个月的生命。他们不想让他听到坏消息，他们告诉他一切都好，这场手术会让他痊愈。而事实上，手术会让他全身瘫痪，在一场又一场的后续手术中痛苦不堪，在大脑机能严重受损的情况下过完余生。他们因为对他的爱，放弃了理智和思考。

签手术《知情同意书》的那一天，我和他的家人们谈了一个多小时。现场像新闻发布会，我极尽所能地回答着每个人各种各样的问题。最后，患者的祖父突兀地冒出来一句："好。"

我问："好，是什么意思？"

他说："就是我们都知情了，我们都同意。"

签完字、走出病房的时候，我感到深深的疲惫。他们知情了吗？是的，他们知情了。但他们的知情和我的知情不一样。他们知道手术可能会带来的后果，然而他们愿意赌上这种可能性，去换取他们以为的"一线希望"。可我知道，这"一线希望"根本不存在，手术给不了他们想要的东西。他们倾尽一切，破釜沉舟，追求的不过是一种幻想。而我，却无论如何，也无法让他们认清这个真相。

手术，成了他们的执念，他们着了魔似的坚持。

今天上午7点，整个医疗团队严阵以待、准备手术。走进更衣室的时候，路过那十几个守在外面的身影，我心里忽然焦躁无比。我跟同事说："不行，这手术我做不了。"

走出手术室，我跟他们说："这是最后的机会，你们务必考虑清楚，作为他的主治医生，我极不赞成这个手术……"话还没说完，患者的母亲"哇"的一声哭了。他的父亲走过去，抱住妻子，也哭了。患者的祖父看着我，点点头，说："好，好。"

也许，死亡的结局是医学无法改变的。对于生命终点的来临，我们能做的太少。但，至少我们可以改变这个过程，让患者少些痛苦和无谓的伤害，多些温情与高质量的生命时光。

正如你所说，如果我们能成全这样的死亡，那，也是一种爱。

未然医生

2017年7月16日

## Letter 8：不是"以命相托"，而是"以死相托"

未然医生：

　　你的故事震撼人心。那不仅是一场生与死的对决，更是情感与理智的缠斗，爱与割舍的挣扎，求救与救之不得的绝望。每个深陷其中的人都进退两难，无从抉择。我想，你在临上台前取消手术的那一刻，内心一定经历了许多。

　　我想起一位来访者对我说的话。他自嘲地说："有时候，人生就是这样，你只有认真努力了，才知道什么叫作绝望。"

　　他是我在给你的第一封信中提到的，那位晚期胰腺癌患者，45岁的 500 强外企高管。当他走过患病初期的挣扎，开始接纳和面对自己的病情后，我们用了好几次咨询，一起探讨他的"死亡规划"。

　　他说："我用一辈子的努力写下了光灿灿的简历。从世界顶级高校，到世界顶级企业，再到亚洲区高管的职位。我曾以为我的一生都会和别人不同。想不到死到临头，还是和普通人没什么区别，甚至更狼狈。"

他说："我想死在自己家里。但妻子说，我死后，她要带着女儿移民加拿大，房子会出租或者卖掉，如果死过人就不好出手了。于是，我又想，死在父亲家里吧。我父母离婚早，母亲早年定居海外了。父亲和继母一起生活，父亲说：'这事我得和你阿姨商量商量，你阿姨胆子小，最怕那些个鬼啊神啊的。'之后，便再没有了下文。想想也觉得讽刺，他们住的房子都是我买的，活着的时候住哪都行，等要死了却无家可归了。"

我问他："那你打算怎么办？"

他自嘲地笑，摇头："还能怎么办，只能死在医院。"停顿了一会儿，他缓慢地说："这也是今天我来找你的原因，我想请你帮我选一家医院，让我能死得好一点。"

我看着他，他的神情平静而认真。我问他："为什么找我，你知道，我并不是医生。"

他说："因为你有很多医生朋友。我相信，好人的朋友也是好人。"

他说："我希望死的时候，能被温和地对待。能住在一个看得见阳光的病房里，不会被医生嫌烦、甩脸色，不会被护士呼来喝去，不会在公共病房被扒光衣服当众抢救，不会在 ICU 里被浑身插满管子、丢在一边不闻不问。还有，即便我死了，他们拔管子的时候也要跟我说一声，动作轻一点。我听说，人死的时候听觉是最后消失的，他们这么做的时候我会知道。”

我伸手过去握住他的手，他也握住我的手，握得那样紧、那样紧。我说：“放心，我的朋友一定会这样对待你的。”

咨询结束后，我给一位医生朋友拨通了电话。电话那端朋友很感慨，他说：“我的患者大都是‘以命相托’，他们来找我，是相信我能救他们的命。像这位一样，希望能死在我手上的，还是头一个。我却觉得，这位‘以死相托’的，分量来得更重。”

朋友说：“这是我一生中接到过的最独特的、也是最深沉的托付。”

我说：“是的，我的患者说，好人的朋友也是好人。”

9 个月后，他安然离世。临行前两天，他让家人打来电话，要我去医院见他。他说：“我知道自己时间不多了，除了家人，我所有的亲戚朋友都不见。但我想见见你，跟你道个别，说声谢谢。我死后，如果我的家人需要你，请你帮我关照他们。”

我握着他的手，说：“好。”

他用另一只手轻轻拍拍我的手背，点头，微笑。

这是我人生中经历过的最温暖的道别。从医院回去的路上，我温暖得泪流满面。

我想起泰戈尔在《飞鸟集》当中的一句话：“我们唯有献出生命，才能得到生命。”是的，我想，只有当我们真正站在生命的尽头，才能懂得生命的意义。死亡不是终结，他所留下的温暖，从此会在另一个人的生命里生根和延展下去。这一点，他是知道的，所以他握着我的手，微笑。

　　正如你所说，也许，对于生命终点的来临，我们能做的太少。但，至少我们可以改变这个过程，让它更温暖、更深情，让它可以从容告别，没有遗憾。

林寻

2017 年 7 月 20 日

# Letter 9：实现奇迹的是她，因为她的儿子在等她

林 寻：

谢谢你的分享，很温暖。下一次，如果再有人对你"以死相托"，可以让他来找我，我也是你的朋友，"好人的朋友也是好人"。

上一封信里我跟你谈到"放手，让生命自然的来去"，而这些天里，自己又干了一件疯事，所幸结局出人意料，说来与你分享。

上周一我值班，夜里 1 点突然冲进来一个小伙子，满脸慌张，神情恍惚，语无伦次地问："神经外科是这儿吗？你是医生吗？是做手术的医生吗？"我睡眼惺忪地点点头。他拉着我的白大衣，"扑通"一声就跪下了，崩溃大哭，说："医生，求你救救我妈，你一定要救她，我给你跪下，我给你跪下，求你……"我被他这一闹，本来困得不行，吓得立刻清醒了。我把他从地上拉起来，说："好，我救，你

别急，你先跟我说说到底是怎么回事儿？"

原来，小伙子的母亲半夜突发脑溢血，病灶在小脑部位压迫延髓，120 送到城南医院的时候，人就不行了。双侧瞳孔散大，呼吸心跳微弱，已经失去了手术指征，城南医院拒绝手术。小伙子又带着母亲去到城西医院，结果一样，再次被拒绝。转到我这里是第三站，此时距离发病已是两个小时。我检查了一下，除了瞳孔散大外，患者的全部生命体征已极其微弱。的确，已经没有了手术价值。

我看着小伙子，眼泪混合着汗水，浑身都湿透了，趴在那里一声又一声地哭喊着："妈，妈，你坚持住啊，我在这儿呢，你一定会没事儿的，妈……" 那一瞬间，我脑海里闪过的，竟然密密麻麻都是我妈的样子，令人心烦意乱，无法停止。

我拉住他，吼道："别哭了！手术我给你妈做。但我只有千分之一的把握，你干吗？"

他把眼泪鼻涕一把擦掉，说："干！医生，反正我妈已经死了，只要你给我妈做手术，是生是死我都认，我这就给你签生死契。"

我说："不用生死契，你去那边把知情同意书给我签了。"

我转身跟护士说："给手术室打电话，让他们准备手术。" 护士愣愣地站在原地不敢相信。"快打，立刻、马上！" 我大声喊。

临上台前，我的手机响了起来。

电话那头是主任的声音："怎么回事，那病人不是已经死了吗？"

我说："还没死透，我想试试。"

主任问："你有几成把握？"

我说："千分之一，我直觉或许有希望。"

主任说："直觉？或许？我看你是疯了！"

我一时语塞，不知怎么解释。僵持了几秒，主任说："不过，疯得和我年轻时一样……去吧，给我干漂亮了！"说完，挂断了电话。

那一台手术，从凌晨 1:30 做到 5:30。术后，患者生命体征基本恢复，上了呼吸机，转到了 ICU。之后的几天，小伙子日夜守在 ICU 门口，怎么劝都劝不走。一看见我就涕泪交流，没完没了地感谢。

五天以后，患者出乎意料地好转，撤掉了呼吸机，转入了普通病房。儿子和儿媳日夜不离地伺候她，擦洗翻身，清理大小便，事必躬亲。到昨天，患者竟然恢复了自主意识，可以用眨眼睛和家人交流了。查房的时候，我对她说："是你儿子救了你，你养了个好儿子，孝感动天。"她一个劲儿地眨眼睛，眼里都是泪。

尽管那次手术后，主任看见我就摇头，叫我"疯子"。可我还是很开心。虽然只是偶然和侥幸的成功，却让我觉得，这 17 年来学医的辛苦和努力都没有白费，似乎自己距离"上帝之手"又接近一步。

我想，骨子里，我还是一个倔强的人，会为了最后一丝希望战斗到底。只要那希望切实存在，我就不会放弃。但这一次真正触动我的，还是这位儿子的坚持和担当的勇气，是他给了我背水一战的动力。所以，当同事问我，怎样做到的这个奇迹？我告诉他们，实现奇迹的人不是我，而是她。

因为她知道，她的儿子在等她。

未然医生

2017 年 7 月 24 日

# *Letter 10*：这份"舍不得"，让我们甘愿背负一切苦难

未然医生：

　　谢谢你，以后我又多了一个朋友可以托付我的来访者。也谢谢你的故事，让我看到一个坚定勇敢的"生命战士"。我想，创造奇迹的不仅仅是她，而是你们。在我看来，但凡有一线希望都不放弃的你，和为了患者拒绝手术的你，都是英雄，都是真正的"上帝之手"。

　　这些天，我也听到一个类似的故事，分享给你。

　　前些日子，我出席了一场叫作"北京不孤单"的医患交流会。演讲结束后，一位患者家属向我发起提问。

　　他说："我母亲 72 岁，患肺癌多年，治疗的过程很痛苦。在我们面前还好，但夜里常常自己哭，整夜、整夜地睡不着。我们一家人感情特别好，我有两个孩子，都是奶奶带大的，对奶奶感情特别深。

自从奶奶病了，都特别懂事，什么事儿都顺着奶奶，有什么好吃的都顾着奶奶，就想让奶奶开心点，多享几年福。但奶奶还是状态不好，时不时地跟我们说想要安乐死，不想遭罪了。大概是去年有一天，我在她的枕头底下发现了一瓶安眠药，我知道那是她藏起来的，预备着有一天要是想不明白了，她就吃了。我又担心，又不敢惊动她，只好装作不知道。这都一年多了，前些天我去偷偷瞧了一眼，发现那药还在，虽然已经快过期了。我还是很担心，怕她老人家哪天想不明白，就把药给吃了。林老师，你说，我该怎么样跟她谈呢？或者，我该不该直接把药偷走？"

底下座席有几位家属跟着抹眼泪，不住地点头。一位女士说："我先生也是，患病以后，他也藏了一瓶安眠药。"

我想了想，说："这个问题我曾问过我的一位来访者，他是一位肝癌患者，他也藏了一瓶安眠药，随时准备在自己顶不住的时候吃掉。"

我问他："这瓶药你藏了多久了？"

他说："快一年了吧。"

我说："这一年之中，一定有无数个瞬间，你想过要吃它，对吗？"

他点点头。

我问："那是什么让你最终没有这么做呢？"

他想了想，说了三个字："舍不得。"

他说："他舍不得和家人在一起的幸福，舍不得他们伤心，舍不得那些回忆中的点点滴滴。"

我对那位提问者说："所以，我猜，你的母亲之所以一直收着那瓶药直到快过期，大概也是同一个理由——舍不得。至于要怎样和她谈，以及拿不拿走那瓶药，相信你已有了自己的答案。"

他点点头，坐下来，热泪盈眶。

我想，如果你问我，是什么让一个人在暗无天日的漫长痛苦里，一次又一次坚持下来？我会说，我看到的是亲情和爱。就像那位深夜跪在你面前的"孝感动天"的儿子，以及这位手里握着安眠药直到快过期的母亲。

这份"舍不得"，就是我们背负起世间一切苦难的力量。

林寻<br>2017 年 8 月 1 日

# Letter 11：死亡对于活着的人，到底意味着什么？

林 寻：

你的来信让我想到了另一个话题：亲情面前，死亡对于活着的人，到底意味着什么？

这些天，接连发生了两件事，对于我和身边的同事震动都很大。

两周前，病区里住进了一个老爷子，73 岁，大脑胶质瘤。手术切除后又复发，只好去掉部分颅骨，让肿瘤长出来，长长的伸出头顶，像一只牛角。老爷子的儿子特别孝顺，当着亲朋好友十几口人的面发誓，砸锅卖铁也要救父亲。我们医护只能委婉地告诉他，看情形，恐怕砸锅卖铁也救不了，不如接老爷子回家，过几天舒服日子。

不料，三天以后，这位孝子喝得大醉，提着刀冲进 ICU 要砍医生。后来被护士报警，拦了下来。

我也是个儿子，我理解他有多爱父亲。可我不能理解，他要另一个竭尽全力帮助他们的人，为他父亲无可挽回的生命负责，或者说，为他无法挽救父亲的愧疚感负责。

死亡，对他而言，意味着什么？

前些日子，一位城南医院的同事告诉我，他们的一位患者家属跳楼了。那是一个来自贵州贫困山区的病人，六十多岁，肝癌。为了筹钱看病，儿子卖掉家里的房子和耕地，加上借来的钱，凑了一共七万块，带着父亲来到北京。见面就跟医生说："给我爸用最好的药，不惜一切代价也要救我爸。"然而，治疗费用的高昂远超他的想象，七万块不到两周就用完了。父亲还躺在病床上，儿子就爬上屋顶跳了楼。

同事叹气说："这是什么鬼？有多少钱就治多少病。穷有穷的治法，富有富的治法。一定要用最好的药吗？吃便宜的药就是不孝吗？简直是被绑架的孝道！"

死亡，对这位儿子而言，又意味着什么？

有时候，我们可以面对自己的死，却无法接受别人的死。因为，那个人的死会让我们愧疚，让我们痛苦于自己的无能，让我们背负道义的谴责。而这些，仅仅用"亲情"和"爱"，是不足够解释的。

死亡，从不是一个人的事。它是一根锁链，一个人起头，一群人被围困。

很无奈，也很荣幸，你我都被绑在了这一根锁链上。

未然医生

2017 年 8 月 7 日

# Letter 12：活着的人，需要那么一点温暖和希望

未然医生：

你的故事让我想了很久。

昨天，我去医院给患者做团体心理辅导。等电梯的时候，进来一位医生。快要关门时，又追进来一位家属，满脸慌张，却努力挤出镇定的笑，拉着医生说："医生，待会儿我妈要是问，您就说没事儿，别告诉她是恶性的，行吗？您就把好的都告诉她，坏的都告诉我。"

我看着眼前这个人，心里百味杂陈。

"好的都告诉她，坏的都告诉我。"这是多么孤独的承担和坚守。

你问我，死亡对于活着的人而言意味着什么？我想，大概意味着，自己的一部分也死了。

我们每个人都不属于自己，我们是父母的儿女，是儿女的父母，

是伴侣的伴侣。我们是他们生命中无可替代的支撑。一旦死了，这支撑就断了。他们世界的一部分就倾塌了，永远无法复原。

我曾接到过一个失去孩子的妈妈。她的孩子 8 岁，患先天性心脏病，3 个月前因手术失败离世。见到我的时候，她悲痛欲绝。

她说，那一天手术前，孩子特别抗拒，不愿进手术室，是她哄孩子进去的。她对孩子说："妈妈保证，这次一定会好。等你好了，妈妈带你去迪斯尼乐园玩，你最乖了，听话。"

然而，从那以后，孩子就再没醒过来。出了手术室，接着进ICU，直到最后一天，再也没有叫过一声"妈妈"。

她泣不成声。她说，后悔带他来到北京，后悔坚持做这个手术。她说："林老师，我特别想知道，孩子最后有没有什么话想对我说；我想知道，他怨不怨我？"

我给这位母亲做了催眠治疗，结合完形疗法里的"空椅子"技术。在催眠状态下，她又见到了孩子，听见孩子对她说："妈妈，你是最漂亮的妈妈，你开心我就开心。"

她问孩子："宝贝，你怨不怨妈妈？"孩子不说话，只是微笑。

她又问孩子："宝贝，妈妈好想你，妈妈要怎样才能再见到你？"

孩子微笑："妈妈，再生一个吧。"

从催眠中醒来，她的脸上泛着泪水和微笑。她说："都明白了，如果孩子希望我好好的，我就好好的。"她说，会打算再生一个，希望这一次，能平平安安的，跟孩子续完母子的缘分。

死亡所带给生者的伤痛永不愈合，思念和悔恨会牵绊我们毕生。时间可以淡化痛苦，却无法彻底疗愈我们。所以，活着的人，需要那么一点温暖和希望。不论这一点温暖和希望是否切实存在，只要它依稀可见就好。人们就可以凭借它，一步一步在这艰深的人世间，行走下去。

你说，死亡不是一个人的事，我们被绑在了同一根锁链上。

这样真好，至少，我们都不再孤独。

林寻

2017 年 8 月 15 日

# *Letter 13*：如果可能，我们帮帮她好吗？

林 寻：

你信中提到的失独母亲，让我忍不住想到隔壁病房里那对母子。我知道，这些天，同事联系过你，请你为他们提供心理帮助。

小男孩 8 岁，髓母细胞瘤，半年前在我们这做的手术，近期又复发，情况很不好，基本没有治疗希望。

他们家境不好，之前的治疗已透支了家庭的全部经济。父亲为了挣钱，常年奔波在外，全靠妈妈一个人照顾孩子。小男孩懂事得令人心疼。有一次我查房经过，正好见他吐了，妈妈在一边收拾。他含着泪一脸难过，说："妈妈，下次再吐就把它吞回去。" 在场的护士当时就掉眼泪了。

最近几天，孩子病情突然恶化，估计没多少时间了。妈妈情绪很崩溃，白天晚上都在哭，不吃不喝不睡。主治医生和护士担心她承受不了孩子的离去，不知如何开导。于是向你求助。

后来，听说你给了一些建议和指导，但没有直接接手。我知道，你一定有你的理由。不管这个理由是什么，我都理解和支持。只是，如果有可能，我仍希望这位母亲可以多得到一些帮助，对于失去孩子的痛苦，我虽未经历，却深有感触。

大约四年前，我有一位同事，一位 3 岁孩子的父亲，一夜之间，失去了孩子。那时我还在儿童医院工作。孩子出事的当晚，这位父亲正和我一起值班。

儿童医院的工作是你无法想象的繁忙。几乎一整夜，根本没有合眼的机会，连上厕所和喝水的时间都很紧张。患儿多，孩子小又不会说话，体质又弱，家长们又着急，从里到外都是一片忙乱。当时，我和这位同事正忙着给一个肠套叠的孩子紧急手术，他的手机忽然响个不停。护士接起来，按了外放通话，听见他妻子说，孩子上吐下泻很厉害，带去急诊看了，说是肠胃炎，回家吃了药，但效果不明显。拍了一段视频发过来，让他抽空给孩子看看。同事说："知道了，小孩肠胃炎可不就是上吐下泻吗？没事，注意补液，让他吃了药好好休息。我下夜班就回来。"之后挂断电话，继续手术。

第二天天刚亮，我们走出手术室，把衣服换上。同事接到电话，妻子在那端哭得撕心裂肺，说，孩子没了，就在刚才，送来医院的路上，15 分钟前停止了呼吸。同事震惊得不敢相信，赶紧翻出昨夜妻子发来的视频，打开看。视频里边是孩子在呕吐，呈喷射状，这根本不是肠胃炎，是脑炎！他发出一声撕裂般的大喊，把手机狠狠地摔在地上。然后闭上眼睛，用头去撞墙，一下比一下更用力地猛撞。我上前拉住他，他甩开我，发疯似的跑了出去。如果当时你在场，你会知道，什么叫作痛彻心扉。他当时的样子，我至今不忍回想。

再见到他，是一个月以后。他整个人都消瘦下来，除了工作，几乎不再说话，常常一个人失神地望着窗外。再后来，听说他离婚了。有一次，见他一个人在值班室的沙发上坐着，头深深地埋进膝盖里。那是我这辈子见过的，最悲凉的坐姿。我想走过去，跟他说点什么，或者为他做点什么，却始终不知如何靠近。

后来，我离开了儿童医院，来到北京，之后再也没有见过他。也许，这一直是我心里的遗憾。和他一起值班的那一夜，我没有帮到他，在那以后，也没能为他做点什么。

这些天，看着这对母子，我又想起他来。我知道，丧子之痛是一个人毕生都无法痊愈的创伤。但我真的很想，为他，为和他一样失去孩子的父母，做点什么。所以，如果有可能，我们帮帮她，好吗？

未然医生

2017 年 8 月 22 日

# *Letter 14*：等我死了，请你帮妈妈活下去

未然医生：

抱歉，这封回信耽搁了太久。

你同事的故事，令人心碎。我想，我能理解那种"丧子之痛"。前一阵子，我听一位医生前辈谈起他去世的患者，那位患者的父亲也是悲痛如此。患者的名字叫茉莉，17 岁的女孩，突发车祸去世。在那以后，茉莉的父亲突然失聪，什么都听不见了。这位医生前辈就对这位父亲说了一段话。

他说："你的耳朵听不见了，这样真好。这是茉莉送你的礼物。她不想让那些不相干的人打扰你，她只想让你安安静静地听她一个人说话。你听听看，是不是？茉莉就在你心里，她一直在跟你说话。"

这是这些年来，我所听过的，最温暖最动人的安慰，直叫人泪流满面。我想，对于失去至亲至爱的人而言，他们需要的，不是去立刻

接纳和直面残忍的现实，不是"节哀顺变"也不是"坚强"。他们需要的是一丝希望，可以继续与逝者的联结和依恋，不要那么快的全部消失掉。他们需要懂得的双眼和温暖的怀抱，能够陪伴他们的追忆，能够延续他们的哀思。

所以我想，对于你的同事，大概也是这样。如果未来还能见面，你能不去回避，陪他聊聊当年想说的话，或许，也是一种安慰和支持。

另外，对于你信中提到的那对母子，我确实出了一点小状况，自己也陷入了深深的迷茫。

是的，如果是从前，我会在第一时间赶到，与医护人员一起，为他们提供尽可能的帮助。但这一次我犹豫了，确切地说，是退缩了。原因是半年前我接待过一个孩子的来访，从那以后，我再难以面对这些天真的患儿。

那是一个 7 岁的小男孩。他的妈妈通过一个儿童癌症公益组织找到我。小男孩从 3 岁开始患一种罕见的血液病。医生说，这是一种特殊的"癌症"。虽然没有肿瘤，但患儿通常存活率较低，少有治愈的先例。

见到孩子妈妈的时候，我第一次深刻感受到"心力交瘁"四个字。她把手放在心脏的位置，对我说："林医生，你知道什么叫'病入膏肓'吗？'膏肓'是中医里边的一个穴位，在心脏后边。一个人'病入膏肓'，就是说他已命不久矣。我的中医医师就是这样形容我的。这些年，为了孩子，我已把自己耗干熬尽了，只等哪一天，送走了他，我也不活了。活够了。真的。"

　　见到孩子那天是在他的学校，阳光明朗。他坐在轮椅上冲我笑，眼睛弯弯的很明亮。他说："老师，可以让妈妈在外边等我吗？我想自己咨询。"我有些意外，这小小的孩子，却像咨询经验丰富的"老手"。

　　进了咨询室，他看着墙上的课程表，久久一言不发。

　　我说："天天，能告诉老师你在看什么吗？"

　　他说："你看这课表，三年级学游泳，四年级学滑冰，五年级打棒球……这些，我都学不了了。因为那个时候，我就死了。"

　　我的心剧烈收缩。这个孩子，面容平静，说出的话却像一把匕首，径直扎进你的心。我问他："天天，这些是谁告诉你的？"

　　他摇摇头："是我自己听到的。医生跟妈妈小声说，我只能活到11岁，我听见了。你不要告诉妈妈，她不想让我知道。我要假装不知道，不然她会伤心。"

　　我说："那妈妈每周都带你去做各种治疗，你愿意吗？"

　　他迟疑了一下，点点头："嗯，只要妈妈让我去，我就去。妈妈说，只要有一线希望，都不能放弃……我只是害怕那种电击的，很疼；还有那种针灸，那个针好长好长，扎在身上好吓人；还有一个道士师傅，他给我吃一种奇怪的灰，说吃了就会好，可是也没用。妈妈上周又带我去做了一个新的治疗，是用一种很多烟很呛人的中药做成小棍，好像叫作艾灸，用火点燃在身上烤，我很怕会烫着我……"

　　我的心被扎得生疼。一个7岁的孩子，默默承受这一切，只为让妈妈安心，只为"有一线希望都不放弃"。我不知道他小小的身体里哪来的这么大力量，支撑他扛起这一切。

咨询结束的时候，他突然对我说："老师，其实我今天不是为了自己来咨询的。我是为了妈妈。妈妈说，如果我死了，她也不活了。可我不想她死。你能帮帮我吗？等我死了，你帮妈妈接着活下去，行吗？"

我用力忍住眼底的潮湿，紧紧握住他的手，说："好，我答应你。"

他伸出手："我们拉钩。"之后，天真地笑了。

他们走后，我的眼泪奔涌而出，无法停止。从业十一年，我日日与生死打交道，我以为自己的内心足够强大，不料，这个孩子犹如一枚炸弹，毫无防备地落进我心里，"轰"的一声炸开，痛得让人无法抵挡。

死亡面前，我受得住成人的眼泪，却无法面对孩子的微笑。一个人最大的痛苦，莫过于心里什么都明白，却要装作全然无知，在自己爱的人面前开开心心，用她想要的方式活给她看。

有时候，孩子比我们想象中强大。他们小小的身躯是天使的翅膀，悄无声息守护着父母。这种深情如此残酷，让我不忍直视。

对于你提到的这位母亲，我愿意为她提供咨询和帮助。我只是无法在这样的时刻，同时面对她的孩子。

也许，这样的咨询真的是我不擅长的。我撑不住。你说，如果我退下来，对患者而言，是一种抛弃吗？

抱歉，这样软弱的回答，让你失望了吧？

林寻

2017 年 9 月 1 日

　　根据《Letter 14：等我死了，请你帮妈妈活下去》信中案例故事改编成的微电影，扫描下方二维码可以观看：

　　本片告诉我们：只要有人爱着你，再难的生活，也能撑下去。

# Letter 15：我们不是神，救不了所有人

林 寻：

我能明白你的感受。记不记得我曾说过，我生命中最刻意保护的，就是我的手。因为它们身上，有别人的命。

你也一样。你要保护好自己的心，因为你的心上，有别人的命。如果你的心失衡了，来访者就失去了救赎，他们该怎么办？

我们每个人都有自己的擅长，也有自己做不到的。引用一句话医学界的名言，特鲁多医生的墓志铭："有时去治愈，常常去帮助，总是去安慰"。我们不是神，救不了所有的人。我们能做的，也只是尽力而已。这不是抛弃，而是负责任。对自己，对别人，量力而行才是最严谨的回应。

我之所以如此关注失去孩子的父母，也和一年前我手上的另一个病人有关。

　　那是个 19 岁的男孩，长了恶性的脑瘤，手术只能延缓病情，等待他的是从瘫痪逐渐走向死亡。他家里是农村的，经济并不富裕。母亲每天寸步不离地照顾着，给他擦洗，给他按摩，给他翻身。每次查房的时候，母亲的眼睛都是哭肿的，总是问我："医生，还有没有希望？我们家就这一个孩子，他要是有个三长两短，我也不想活了。"

　　我不知该如何安慰，愣了半天，憋出来一句："要不，再生一个吧？"结果惹得她更伤心。

　　在那之后，她两度尝试自杀。一次是喝农药，被家人及时发现送医，抢救回来。另一次是试图跳楼，幸得被路人发现后劝下。

　　我在想，如果当时你在就好了。你可以告诉她那个 7 岁小男孩的故事——不管自己结局如何，都希望妈妈活下去；也可以告诉她那个失独母亲的故事——孩子说："妈妈，你开心，我就开心。"——一个母亲如果听到这些，一定会拼了命地好好活。

　　在死亡面前，我们能帮到患者的，真的很有限。但或许，我们可以帮助他们达成心愿，保护他们深爱的人，让他们的爱得以活下去，不被死亡所终结。

　　这，也是我们的职责，对不对？

未然医生

2017 年 9 月 6 日

# Letter 16：死亡是一件复杂的事情

未然医生：

是的，对于疾病，死亡是不得不面对的遗憾。去帮助生命尽头的人，把他们的爱延续下去，让生者怀抱温暖好好活着，让爱不被死亡所终结，也是我们的职责和使命。

你提到的关于这位母亲的自杀，我想，我是能够理解的。这世上有太多体魄健全却心怀创伤的人，他们对死满怀向往。作为一个心理咨询师，执业的 11 年里，我听到过太多这样的话题。

我问他们："活着不好吗？"

他们说："死了更好。"

有一位男士，在空难中失去了妻子和三个孩子。他告诉我，他很想死。他说，死了，就合家团圆了。

有一个年轻女孩，她的未婚夫在雷雨交加的夜晚赶来见她，死于高速路交通意外。她数次尝试自杀。她说，死了，就能得偿所爱。

还有一个高中生，从小被父母严厉管教，在青春期逆反。她用刀片自残，割得整个手臂面目全非，又数次割腕自杀。她告诉我，死亡意味着报复，"他们让我痛苦，我就杀了他们的孩子，让他们痛苦。"

还有一位经济罪犯，身负巨额债务，在服刑保释期去跳楼。他说："我死了，也许家人就能好好活。"

还有一位佛教徒，自幼被父母遗弃，年轻时受丈夫虐待，中年又身患乳腺癌。她每日祈祷，希望早死。她告诉我，等这一世的业障消完，下辈子就能过上好日子。

所以，死亡真是一件复杂的事。它很难说是正义还是邪恶，是遗憾还是希望，是自私还是深情。离它越近，我们反而越看不清楚、越迷茫。

林寻

2017 年 9 月 10 日

# Letter 17：抱歉，这是我内心真实的想法

林寻：

你说得对，死亡是一件复杂的事。对于疾病所带来的死亡，和家人所承担的痛苦，我是可以理解和接受的。然而，当你提到其他人自杀的想法，不知为何，我有些排斥去理解他们，甚至心生抵触。

去年，一则社会新闻炒得沸沸扬扬。一位女性患者因家庭纠纷在医院跳楼。今年前一阵，又一位男子爬出医院阳台要往下跳，被消防官兵救了下来。

作为心理咨询师，我想你会说，他们是抑郁。抑郁症的患者常常有自杀的想法，这是心理因素造成的，不怪他们。可在我看来，这种行为极其自私和冷漠，是不值得被同情和原谅的。

选择在医院跳楼，是对生命、对尊严、对自己和他人极度的不尊重。他们只想到自己的痛苦，然而，有多少人将为他们的不负责任而

付出代价？这一跳的背后，一个家庭破碎了，家人的后半生痛苦不堪；医院受到莫名的误解，为他们而辛苦努力的医护人员的职业生涯被断送；目击者会遭受多大的冲击，会对生命产生多大的质疑；还有整个社会，会因此经历多大的心理动荡？这些，他们都想过吗？这些，不仅仅是一个人对自己生命的不尊重，更是对周围所有人缺乏尊重，蔑视生命的尊严。

　　一个足够负责任的人，即使要结束自己的生命，也会死得妥帖。不会只顾着自己快意和解脱，让别人承受伤害。

　　抱歉，如果我的表达看起来冰冷，或者缺乏同理心。但，这些都是我内心真实的想法。

　　希望你能理解。

未然医生

2017 年 9 月 15 日

# *Letter 18*：请原谅，他们真的尽力了

未然医生：

你的感受很真实。一个人真实地表达自己，是无可指责的。

你只是不了解他们。一个人何以用不惜伤害全世界的方式，结束自己的生命？

他们中间有两种：

一种，是在激动状态下不管不顾的。他们的痛苦和绝望只能通过当时当刻杀掉自己才能平息。他们的死亡并非蓄谋，而是无可预期，连自己都没有做好准备，更别说考虑别人的感受。

另一种，是经过深思熟虑的。他们对死亡向往已久，准备充分，做好了情感的切割和隔离，整个人冷静而麻木，对周围的人和事不再有任何感觉。这一种死亡最悲哀。因为，在它到来之前，他们已在寒冷中孤独得太久。

曾有一位患者跟我谈起自杀的打算，他患肺癌已经骨转移。

他说："我常常做一个重复的梦。梦见脚下布满枯井，密密麻麻。我每走一步就会掉下去，爬上来，又掉进另一个，没有尽头。有个日本恐怖片叫《贞子》，不知道你看过没有。里边有一个片段，当警探找到贞子掉下去的那口枯井，发现，她不是掉下去就立刻死去，而是在井下苦活了 30 年。井的四壁布满抓痕，都是她徒劳向上攀爬留下的痕迹。枯井太深，井壁太光滑，她爬不上去。可她还是一次又一次绝望地往上爬。看到这儿的时候我就哭了，我觉得，那就是我。"

他说："在任何时候我都准备好了去死，任何方式都行，只要足够快——跳楼，跳海，撞车，撞地铁——这些都很好，比起在孤独中慢慢病死，要痛快得多。"

我问他："你有没有留恋的、放不下的人或事？"

他摇头，说："没有。我这一辈子无聊至极，毫无意义，没病的时候就混吃等死，真死了，也没什么放不下的。"

我又问他："如果你自杀，有没有人会伤心？"

他沉默了很久。低下头，把拳头抵到嘴边，用牙齿狠狠地咬住，脸涨得通红。说："你这么问，不怕我打你吗？"

我说："为什么？是因为我让你看见，有人爱着你吗？"

他把眼泪压在眼眶里："我不愿意记得那些好！不敢想，想了就放不下。放不下怎么办？我又不能不死。到死又带不走，又舍不得，这不是折磨吗？多痛苦！还不如就记得那些坏的、糟心的，记得那些别人对不起我的，这样最好。谁也别对我好，谁也别管我。让他们都滚！滚得远远的。我谁也不想惦记，到死了干干净净一撒手，他们爱怎样就怎样，我谁也不管！"

我看着他，伸出手盖在他的拳头上。我说："我问你这些，是希望如果真有那么一天，你走的时候，能觉得自己是温暖的，觉得拥有过许多的爱，觉得自己这一辈子没有白活过。"

他的眼泪就掉了下来。

他们其实并不是自私和冷漠，只是不敢记得那些温暖。他们并不想伤害别人，只是在孤独和恐惧中封闭得太久，才变得麻木和隔离，对周遭的人和事失去了感觉。

他们想要的其实不是死，而是爱。

我想，当他们站在楼顶纵身一跃的时候，脑海里闪过的，一定是对这个世界满满的爱和留恋。

所以，请原谅他们。对这个世界，他们真的尽力了。

林寻

2017 年 9 月 19 日

# *Letter 19*：自杀是其中最隐秘的部分

林 寻：

你在做着世界上最温暖的职业。这一点，让我敬佩，却不羡慕。我难以想象一个人终日面对人性最深的黑暗与绝望，还能像你一样满脸阳光，每天出现在咨询室里。

尼采说："当你凝视深渊，深渊也在凝视你。"希望在深渊面前，你也能保护好自己。

你说，自杀的人站在楼顶纵身一跃的时候，脑袋里会闪过对这个世界的爱和留恋。对于这一点，我有不同的看法。

人为什么会选择某种方式自杀？自杀之前他在想什么？

小时候，我看过一本画家梵高的传记。他在烈日底下的麦田作画，画到双目将盲。法国南部的热风，吹得他心智混乱。没有人喜欢他的作品，除了一个年长他 10 岁的妓女。他们相爱，并在亚威浓生活了很多年，直到后来她离开。梵高疯狂地割下自己的耳朵，送到她面前，以证明自己的爱，绝望而惨烈。之后，他走进麦田里，把猎枪插进嘴巴，扣动扳机，"轰"的一声掀飞自己的头盖骨。

我想，他对这个世界一定失望至极，才会用如此残酷的死法，来发泄内心的愤怒和嘶吼。你说，他在死之前，会留恋任何美好吗？还是只想用死，来惩罚背叛他的爱人？

对于那些跳楼、跳海的人，我想，我更能够理解。我是一个喜欢仪式感的人。一个人站在高处，俯瞰城市或大海，张开双臂，像鸟一样飞下来，那是一种重获自由和解脱的仪式。这种死大概是属于理想主义者的。痛苦在短暂的飞翔之后结束。选择这种方式的人，内心一定有着自己的精神世界。我想，他们是不留恋现实世界的，他们活在自己的小宇宙里，摆脱现实才是他们的渴望。

还有一类人，我很不喜欢。他们以死亡为代价，期望达到某种目的。小时候，我有一个小伙伴，他的妈妈就是这样。割腕、开煤气、吃安眠药，这种花样的自杀。他的父亲有了外遇，妈妈想用这种方式挽回婚姻。我常看见他一个人在墙角哭。后来，他的妈妈真的死了，他再也没有哭过。多年以后，他成了一位和你一样的心理咨询师，却始终没有任何婚姻。他说，当年他的妈妈杀死的不仅是自己，还有他对爱情和婚姻的信任和向往。

死亡是一件复杂的事，而自杀是其中最隐秘的部分。作为旁观者，我们永远无法知道，在最后一刻他们究竟怎么想。不过，如果真的如你所说，对于这个世界，他们已经尽力，那也算没有遗憾了。

一个已经尽力的人，是无可指责的。

未然医生

2017 年 9 月 23 日

# *Letter 20*：我会陪他们奋战到底

未然医生：

谢谢你的来信。

你对生命和死亡的敏锐视角，总让我对世界有更深的觉察和领悟。

这一周依旧很忙。我们策划了一档视频栏目叫《大象船长》，邀请癌症患者做嘉宾，分享疾病过程中的心路历程、对生命的感悟和对死亡的思考。"大象船长"是一个隐喻。大象生而带有三组抗癌基因，是永不患癌的奇迹。船长，寓意每个人都是自己生命的舵手，虽沉浮于命运的大海，仍有乘风破浪的勇气。

第一期的嘉宾是一位 2 岁女孩的父亲。癌症诊断出来的当天，他的妻子正好查出怀孕。原本是夫妻俩一直盼望的喜事，却在那一日显得极为悲情。几经挣扎，妻子执意生下孩子，只为给他一个念想——

活下来。

他说："我这才了解，当一个人实在活不下去的时候，他只能为了另一个人而活。因为，那个人身上有他全部的意义和希望——那个人是他的孩子。"

他说："什么生命的尊严、生存质量、创伤性抢救的痛苦，都不重要。我只想多活一个月是一个月，多活一天是一天。我的女儿还太小，可能记不住爸爸，但也许再过一个月就能记住了。这样等她长大了，想爸爸的时候，就会记起我的样子。"

他说："以前一直忙，一年到头顾不上陪家人好好吃一顿饭。现在才明白——世界上最有意义的奋斗，不是为了事业、名利，或情怀，而是为了生命本身而奋斗。"

他的话很触动我。节目之后，我问参与录制的医生，他大概还有多少时间，到最后他能坚持到什么程度？医生摇摇头，叹气说："大概 11 个月吧。他太理想化了。他以为尊严、生存质量都不重要，为孩子能多活一天算一天。他不知道末期有多痛苦，等真正到了那一天他才会明白，虽说'好死不如赖活着'，但'好死'很重要。"

有时候，越美好的事物面前，死亡越是残酷。我想起你提到过的那场手术，当医疗团队走出手术室，每个人脸上都是绝望的气息。我想，我能理解那种感觉，你只能眼睁睁看着一切发生，什么都做不了。

如果，世界上最有意义的奋斗，不是为了事业、名利，或情怀，

而是为了生命本身，那么，不管胜算和希望有多少，我都会陪他们奋
战到底。

林寻

2017 年 9 月 29 日

# Letter 21: 哪有那么多的百劫不死、柳暗花明？

林 寻：

谢谢分享。

"世界上最有意义的奋斗，不是为了事业、名利，或情怀，而是为了生命本身。"也许，人只有到了生命尽头，才能明白这句话的含义。

这段时间，我手上接了两个特殊的病人。

一个是 17 岁的男孩，脑干位置长了胶质瘤。说他"特殊"，一是身份特殊，外国驻华大使的孩子；二是才华横溢，会说三国外语，品学兼优，获奖无数；三是病情特殊，肿瘤生长的位置和长势都极凶险，手术刚切除，又迅速复发。

这是一个本应享受优越生活的孩子。如果没有这场疾病，他会在洒满阳光的足球场上奔跑，会在全球顶尖的高校受教，会在接下来的人生里活得举世瞩目。可现在，他静静地躺在病床上，陷入越来越深的昏迷，随时可能在下一秒停止呼吸。

每一天，男孩的哥哥都来陪他，跟他说话，或者坐在一旁。他们的父亲工作繁忙，住院以来只出现过两次。我很好奇这位父亲在想什么，事业真的那么重要吗？当孩子闭上眼再也睁不开的那天，他会有什么感觉？

另一位"特殊"的病人是个 58 岁的跨国公司总裁，因脑梗入院。家境的富有和四通八达的人脉，让他在院中尽享特殊待遇。每日来探访的人前呼后拥，一派繁华。他躺在床上，半侧瘫痪，说话模糊，偶尔抬抬手，大家都争相猜测他的想法。这样的"盛世"持续了一段日子。

然而，他的恢复不太好，术后很长一段时间没有明显起色。渐渐，来探访的人也越来越少。有一次，听见他的家人感叹：以前他工作忙，常年不回家，心思都在事业和外人身上。现在病了，探病的人各怀用意：下级想攀附，关系远的想讨好，股东想看看这个人还能不能用，"投资"群众想确认这个人的"投资价值"。家人说，这世态炎凉，人心真是说变就变。

我不知道这位总裁心里做何感想？昔日无限风光，一朝到了病床上，所剩的，也不过是空空四壁的病房，还有床边陲泪的家人。

想起曾看过你的一篇文章，里边有段话："这世间，都知富贵折腰、功名误人，而‘白首为功名’却仍是千古男儿的宿命。登高而临崖，木秀而风摧，人生的际遇，一桩桩一件件，有哪一步真的是站在开头时料不到的结局？所谓人生之大幸，不是百劫不死，而是迷途折返后的柳暗花明。"

只可惜，人生不能折返，哪有那么多的百劫不死、柳暗花明？

未然医生

2017 年 10 月 2 日

# Letter 22: 你的黑夜是我的白天

未然医生:

人的命运真是无常的事情。

有时候, 看多了无常, 会很累, 想休息。

昨天上午, 我去见了督导 (心理咨询师的导师)。他是一位灾后心理救援专家, 有着三十多年的咨询经验。他说, 治疗中两种情况最容易伤及咨询师自身: 一种是咨询过量——长期过劳会损伤咨询师自身的身心功能, 心理上失去自我修复的弹性, 容易被来访者的负面情绪所感染; 另一种是 "移情" ——例如, 之前我对于那个 7 岁血液病孩子的过度情感卷入, 就是一种移情。如果没有清醒的觉察, 咨询师就会虚耗自己的心力, 也会让咨询师和来访者双方都受到伤害。督导建议我合理安排咨询量, 在健康人群和患者的接治之间找到一个平衡点, 不要透支自己。

所以，最近我也在调整自己，从过劳的状态中抽离。像常年潜游在幽深海域的搜救员，终于可以浮出水面，深深呼吸一口新鲜空气。

我们虽不是患者，但都已活在癌症里太久。需要给自己一点时间，回到正常的生活轨迹。

我猜，你会笑笑，说，我们怎么可能过上正常人的生活？

是的，选择了这个职业，就不可能过上朝九晚五的寻常日子。这是我们清楚明白的，并且甘愿。

昨天在出租车上听到一句歌词，"你的黑夜是我的白天"。忽然有种被击中的感觉，就像在说我的生活。每一个来访者，都活在自己的黑夜。他们痛苦挣扎、匍匐前行，不撞到头破血流不会来找我。而我的每一个白天，就坐在洒满阳光的咨询室里，宽大明亮的落地窗前，像仰望星空一样，凝视他们的黑夜。

他们的黑夜，是我的白天。

穿越黑夜是一段难以言说的旅程。夜色中，有危险也有风景，有长途跋涉的艰险，也有黎明将至的喜悦。我与他们结伴而行。我作灯塔，点亮微光；他们作舵手，紧握方向。我们一起，在每一个清晨、每一个黄昏、每一个迷茫无措的人生路口，义无反顾地扎进一望无尽的夜色，穿越迷雾浩渺的跋涉，走到曙光初现的黎明。

我们是彼此生命中珍贵的遇见，是彼此心底深刻的安慰，是彼此的"生命教练"。

一位患者在深夜给我发来微信，他说："我是一个急诊科医生。

今天，我查出了晚期肝癌。我哭了。我的家人都不知道，我不敢告诉他们。你是这个世界上，第一个知道的人。一直以来，我都是家里最坚强的支柱，可是现在，我倒下了。我怎么可以倒下？他们往后该怎么办？……林老师，你不用回我信息。我只想跟你说说，说说会好受一点，你不用回复。"

一位白血病患儿的单亲妈妈跟我约了电话咨询。电话接通的那一刻，她哭了，哭得像个委屈的孩子。她说："林老师，我每天都告诉自己要坚强，不许自己掉眼泪，不许自己崩溃。可我听到您的声音，就再也忍不住了。林老师，林老师，我真的、真的坚持不下去了……"

一位失去伴侣的中年女士，坐了一夜火车，从老家来到北京找我。她说，爱人去世前，每晚失眠睡不着，就听我在"喜马拉雅"上的催眠音频入睡。她说："林老师，虽然您没有见过我，但我觉得，我们已经认识好久了。现在，老徐走了，在这个世界上，您就像他留给我的一根线索，见到您，我就像又见到了他……"她伏在我的肩膀上，痛哭不止。

每每这样的时刻，我都觉得生命中充满了力量和勇气。那是不容迟疑，不容退缩，不容拒绝的"生命托付"。我会觉得自己是生者的支撑、是患者的港湾，甚至是逝者的遗物。

我的一位来访者对我说："林老师，你和医生不一样。医生可以让我活，而你，让我可以活下去。"

我想，我们或许不能改变世界，但只要可以改变一个人的世界，
于我，就足够了。

林寻

2017 年 10 月 7 日

《Letter 22：你的黑夜是我的白天》相应的"催眠之声"
音频已在喜马拉雅电台上线，通过喜马拉雅手机 APP 扫描下
方二维码收听，伴您安然入梦。

# *Letter 23*：做不做英雄，是自己的决定

林　寻：

真的很感动——"医生可以让我活，而你，让我可以活下去。"这是多么深切的信任与托付。

你说的对，我们或许不能改变世界，但，只要能改变一个人的世界，就足够了。从医7年，正是这样的念想，支撑我一次次从挫败和失望中爬起来，拍拍尘土，好了伤疤忘了疼，接着往前走。

你说，来访者的黑夜是你的白天。而对于我，是"没有黑夜，永远白天"。24小时随时待命，手机一响，立刻蹿起来，玩命奔到医院做手术。我7年没休过假，周六日也都去查房。有时病人多、病情重，就连着一周都睡在医院，等回到宿舍，才发现衣服都臭了。

然而即便如此，也不代表就能得到认可。误解常常发生。有时候，当你特别重视的患者和家属对你不信任，或出言不逊，那种打击是残

酷的。

　　有一次，一位患者的丈夫在手术室门口堵住我，愤怒地咆哮："我媳妇要是瘫了，我跟你同归于尽！" 他的妻子三天前在我手上做了脑膜瘤切除手术。手术很成功，不料，术后并发症出现，开始频繁抽搐与晕厥。

　　我能理解他的崩溃，可他能理解我的崩溃吗？他能理解一个医生眼睁睁看着自己的病人滑向谷底、看着自己的努力毁于一旦的崩溃吗？他能理解那一天，我从早上 7 点进手术室，一台接着一台做到晚上 9 点、粒米未进的崩溃吗？

　　我看着他，一脸冷淡，什么都没说。

　　值班的护士过来把他劝走，他边走边喊："早知道不如不做手术，要是不做就好了！"

　　那种感觉，让我深深挫败。你能明白吗？你的病人曾把你当做神，然而，当他们发现你不是神的时候，他们就收回对你的信任，对你抱以质疑、不解、愤怒，甚至仇恨。

　　7 年的职业生涯，我身边的同事走了许多。他们去做了医药代表、保险顾问以及医疗器械销售。可我，还在这里。

　　想问是什么让我坚持下来吗？当然，还是我的病人。

　　每次走出手术室，看到等在门口的家属，焦灼和渴望的眼神，我就觉得那是压在我身上的责任，不容懈怠。

　　有一次，一位患者在等待国内顶级专家做手术的期间，忽然拉住我，跟我说："医生，你给我做手术行吗？我不等大专家了，我只相信你。"那一刻，我忽然感受到了世上最沉重的信任——以命相托。

还有一次，患者的儿子在手术后，双手紧紧地握住我，眼眶泛红，说："医生，你是我妈的救命恩人，是我们全家的恩人，我这辈子都不会忘记！"

每一个这样的瞬间，都是我的支点。在一个又一个的低谷，支撑我爬起来，支撑我往前走，支撑我坚定地站在死神面前，能为他们抵挡一点算一点，能为他们争取一天算一天。

罗曼·罗兰曾说："世上只有一种真正英雄主义，就是在认清生活的真相后，依然热爱它。"

或许，生活的真相我们无从选择，但做不做英雄，却是自己的决定。

很高兴，我们的决定如此相似。

未然医生

2017 年 10 月 12 日

# Letter 24：比仰望星空更浪漫的，是仰望人心

未然医生：

看了你的信，有辛酸，有感动，有崇敬，也有心疼。

也许人生就是这样。我们只能一边犹豫，一边往前走，一边怀疑，一边坚定。你总提醒我，要保护自己。你也一样，照顾好自己。

昨天，我接了一位来访者，是一家创业公司的高管。公司刚刚倒闭，他心灰意冷，跟我谈起命运。

他说："你知道吗？这世上有一种东西叫命运。它从出生就跟着你，无所不在，却和你本身的关系并不大。它不会因为你是谁、多努力、多坚强，而对你格外开恩。它只用它的方式跟你玩，你可以选择屈服，或者被迫屈服。"

他从小家庭极其贫困，全家常年靠举债度日。自小学到初中一直

被霸凌。他说，记得小时候在班里自己算长得高大的，同学都以欺负他为乐。父母要求他骂不还口、打不还手，因为同学的父母都是债主，而且怕打坏了别人没有钱赔。

他说："那种日子，你会活得比别人清醒。你知道人的一生就是一篇命题作文。从生下来，你就得不停地写，一直写到死。而文中很多内容早就被写好了：比如，谁是你的父母，他们的能力、处境和观念，家庭像一块烧红的烙铁，在你身上烫下烙印，那就是你的归属。你能选择的其实很少。你可以努力，为此带来微乎其微的变化，仅此而已。"

我问他："那是什么力量，支撑你走过那灰暗的 9 年？"

他想了想，说："是快乐吧。快乐是一种超能力。它掌握在你手里，由你说了算。在这一点上很独特，命运管不了你。处境再艰难，现实再严苛，只要你能找到一点点让自己快乐的线索，你就能活下去。"

他说："我可以从任何一个狭小的缝隙里找到快乐。例如，在放学路上捡到方便面的包装袋，里边还剩下两颗碎面条，我就把它们放进嘴里，含着，久久感受那种味道，心里满是快乐。千万不要小看这点快乐，如果对于命运我们能做的那么少，那拼死守住快乐就是最好的反击。"

我说："听起来，命运还不够强大呢，你用小小的快乐反击它，它竟管不了你。"

他笑，摇摇头，又点点头。

他说："其实吧，每个人都就像一个球。只要你落在地上，不管是皮质的、木制的，还是铁质的球，都会感到压力。这压力和你的质地无关，和你是谁、优不优秀也无关。以前我以为，这个球要不停地滚，'不停'很重要。后来才发现，其实'滚向哪里'更重要。你需要时不时停下来想，想明白了再滚。"

他说："每个人都会在自己执着的事上受一点伤。这没关系。只要想明白了，自己得到的快乐对得起这代价，就值得。"

他说得真好。

我不知道这世上究竟有没有命运，但我知道，快乐可以改变它。我还知道，每个人都有无可逃避的压力，也都会在执着的事情上受伤，但没关系，我们内心的成长和收获都那样丰盛，不会辜负这代价。

你说，成为一名优秀的外科医生是你的梦想，为了这梦想，你愿意在手术室的无影灯下，再沉默十年、二十年。

我也一样。这个世界上，如果有比仰望星空更浪漫的事，我想，那一定是仰望人心。为了这一份"浪漫"，我愿在更深的"黑夜"里，守候十年、二十年。

林寻

2017 年 10 月 15 日

# *Letter 25*：我们对生命只能敬畏，不可置疑

林 寻：

　　我们是太相似的人——极致理想主义，加上不顾一切的执着。真是无可救药。

　　我曾说，你做着世界上最温暖的职业，我敬佩却不羡慕。好吧，我收回这句话。"比仰望星空更浪漫的事，是仰望人心"——仅凭这一点，就足够让人羡慕了。更何况，你的来访者还都是哲学家。

　　我还是一如既往的忙，工作和生活都是老样子。不过，本周医院里发生了一系列事情，我也有些迷茫，说出来你听听。

　　有一个 7 个月大的脑瘫患儿，家境极贫，父母都是农民工，无钱治病。得到一个公益组织的帮助，向慈善机构申请募捐，收到了 80 万善款。这件事在医院里引起热议。当时与这位患儿一同申请捐助的，还有血液肿瘤科的几个白血病孩子，很不巧，那几个孩子的申请都没

有成功。对此，家属和慈善志愿者们的情绪都很大。

大家都说，80 万给一个脑瘫孩子治疗，能治成什么样？他能好吗，以后可以正常生活吗，可以像其他孩子一样学习工作、长大为社会做贡献吗？还是就算治好了也是瘫痪，以后成为社会的负担？可这 80 万，足够支持三四个白血病患儿的治疗，他们可以痊愈，可以长大，可以正常生活和工作，可以为社会作贡献。为什么不把钱给这些有希望的孩子？这不公平！

他们说，生命的权利是平等的，但生命的价值是不等的。医院应该在这笔救助金的分配和使用上，做出理性的选择。

这个观点以前我从未想过。在我看来，平等就是平等，不分权力和价值。每一个患者不分孰轻孰重、不管治不治得好、也不管他为社会做贡献的多少，到了医生手里就是病人。王侯将相、下里巴人都一样，没有谁的命比谁更有价值。当然，这个想法未必正确，比如这件事上，他们说的也有道理。

我不知道。有时，我觉得自己是个很理性的人，有时，又感性迷茫。

这个患脑瘫的孩子，父母是清楚知道结局的。不管有没有这笔善款，脑瘫都不可能治好。但他们一意孤行，不肯放弃。这让我想到很多年前接治的另一个孩子，那一对父母也是这样，倔强到让人不忍心看下去。

那时候我还是个住院医生，二十八九岁，在 ICU 轮岗。记得那个孩子是先天性心脏病，医学上叫作"法洛氏四联症"，是复杂性心脏病中的一种。四五岁的孩子，已经做过好几次手术，身体机能恢复也差，主治医生们都持不乐观态度，但是，孩子的父母说什么也要坚持给她治。孩子住在 ICU 期间，根据医院规定，我每天都和家属沟通情况，是与他们接触最密切的医生。孩子的父亲每次听完病况后，都会闭上眼睛，深吸一口气，说："我理解，医生，我都理解。"

后来，孩子没能熬过最后一场手术，还是走了。那天夜里三四点钟，有人砸 ICU 的门，是孩子的父亲。他一边砸门一边喊："医生，你出来，你跟我说说，我的孩子她怎么死了？"两个值班护士吓坏了，怕我出去会被攻击。其实，我也怕，但不能让他这样闹下去，会影响其他危重病人。

我硬着头皮打开门，走了出去。只见他满身酒气，靠着墙根站着。我想说点什么，他半闭着眼睛对我摆摆手，自己顺着墙壁缓缓地滑下去，跌坐在地上，开始痛哭。然后双膝跪地，趴在地上，边哭边问我："医生，我的孩子……她死了，她怎么死了……"

那是我人生第一次看见，一个高大坚韧的男人用这样的姿势痛哭。我不知道该说些什么，我一句话都说不出来。沉默了一会儿，我过去扶起他。用一个"医生"该有的样子，冷静镇定，好像自己已经看惯生死，没有了感觉。

其实，医生的冷漠都是装的，只是看怕了生离死别，所以装作麻木、不在乎。

也许，人的生命确有定数，生命的长度不可强求。我不知道生命的权利和价值到底对不对等，我只知道，作为一个医生，只要患者和家属不放弃，我就该义无反顾给他们治下去。不论是脑瘫、心脏病，还是白血病患儿，每一个生命背后，都是爱，而爱是无法比较的。在爱面前，我们对生命只能敬畏，不可置疑。

　　除此之外，所谓命运与结局，那是老天爷的事，交给它就好。

未然医生

2017 年 10 月 20 日

# Letter 26：如果只有一个活下去的希望， 你会给谁？

未然医生：

你的来信让我很震动。关于生命的权利和价值，真是残酷而现实的议题。

前些日子一位慈善总会的朋友刚刚辞职。她跟我讲了一个相似的故事。

慈善总会有一个药品捐赠项目：各大制药公司每个月会捐赠一批药品给贫困患者。通常都很昂贵，费用在人均每月 2—4 万元不等。对许多患者而言，倾家荡产、卖房治病是常事，所以，获得了赠药资格，就等于争取到了活下去的希望。但药品数量是有限的，慈善机构须确保药品到达最需要的人手里，因此，赠药的申请和发放流程极为复杂和严谨。

从申请开始，填写各种表格、提交医院病历、出示治疗记录、证明经济困难，种种手续完成之后，开始漫长的审核等待。等待的过程，遥遥无期。

审核通过后，继续等待药品发放。等待的过程，又是遥遥无期。

等到药品终于发放，必须患者亲自去领。因为此前曾出现过患者去世，家属仍冒领药品非法出售的事情。所以，患者需要证明自己还活着，仍在使用这些药品。有些重症病人甚至被担架抬去领药。

这是一场生命的排队。不断有人死在途中，死在任何一个环节。

我的朋友是一位赠药申请审核员。每一天，她需要审核几十个人的申请，根据材料的匹配程度，决定他们是否可以获得药品。审核遵照的原则是：先来后到的顺序。但凡满足条件，先到者先得。

然而，有人的地方就有思想。平等的生命、有限的生存机会，逐渐变得微妙和值得掂量。同样的药品，申请人的队列里边，有 81 岁的老人，有 18 岁的大学生，有贡献卓越的科研人员，也有穷苦无依的农民工，有年仅几岁的孩子，也有丧失行动能力的残疾人。

朋友说，她总忍不住去掂量这些生命的价值，忍不住想要改变这个序列上人跟人的命运。

她问我，如果只有一个活下去的希望，你会给一个 81 岁的老人，还是给一个 18 岁的孩子？前者还能生存几年？后者还有多少希望？

我迟疑了很久，无法回答。

她说，如果世界真那样简单，仅仅按照"先来后到"，该多好。

后来她辞职了。她受不了每天面对这个生命队列的煎熬。

我也和你一样，不知道生命的权利和生命的价值到底对不对等、能不能被比较，但我想，你是对的：人的生命，确有定数，但其背后的爱，不可衡量。我们能做的只是尽到全力，没有遗憾就好。

林寻

2017 年 10 月 23 日

## Letter 27：记住，你做志愿者是为了影响和改变世界

林　寻：

　　如此看来，生命的价值和权利还真是一个难题，连心理学家也无法回答。那我也就释怀了，很多事不求甚解也好。

　　最近一个公益组织在医院做活动，帮助经济困难的重疾患者发起网络众筹，募捐治疗费用。科室里来了几个志愿者，每天为患者们奔前跑后，也多了很多故事。说一个与你分享。

　　一位三十多岁的男性患者，突发脑梗塞入院。家属把人送来，办了住院手续就跑了。志愿者们好一通费劲才找到家属。了解到此人家中贫困，父母都是退休低保户，患者自己又多年不工作，每日游手好闲、抽烟喝酒、打牌上网，把父母本就微薄的养老金啃得不成样子。如今入院，父母真是拿不出钱来给他治疗，只好出此下策，把人丢在

医院里。基于这种情况，好心的志愿者说服家属，为他发起了网络众筹，希望能募集到 10 万元作为治疗和后续的康复费用，以减轻两位老人的负担。

结果，一个众筹周期下来，只筹到了 2 万元。付了住院费就不剩什么了，后续的康复费用又成了难题。家属找到志愿者，说，"当初不是说好给 10 万嘛，怎么就给了 2 万？不行，你们得负责到底！"于是，双方就这样撕扯起来。

昨晚我值班，一个志愿者过来跟我聊起此事。他说："重疾众筹从某个角度来说，是社会惰性的助长。贫困的人不需要努力就获得救助，只因为自己可怜，就理直气壮向社会伸手要钱，连内疚和感激都不需要承担。以前借钱看病，病好了他会努力工作来偿还。就算不需要还，他至少会感激帮助者，觉得想为对方做点什么。可现在呢，拿到众筹捐款以后，他就心安理得躺在那里消费，不够了再度众筹。他付出了什么？他为社会贡献了什么，值得整个社会用这么多资源来帮他？而且，有些人即使治好了，对社会又有什么用？无非是庸庸碌碌、游手好闲。生命是平等的，但生命的意义是不平等的。对于这样的人，根本不值得救！"

说完他问我："你说对不对，医生？"

我想了想，拍拍他的肩膀，说："来，我跟你讲一个故事。"

我读硕士的时候，在一个医院实习。有一天，来了一个特别的患者，他是一个杀人犯，被两个警察押过来，手腕上还扣着手铐。他在从看守所转移到监狱的途中逃跑，一脚踩空从两层高的房顶摔下来，颅内出血。破裂的动脉涌出大量血液，进入颅内的海绵窦，顶到右边的眼球，随着脉搏波动，可以看见一只眼球明显的上下起伏。我的上级医师问明情况，立刻开了检查，吩咐我去准备手术。我盯着那人手腕上明晃晃的手铐，迟疑了一下，没有动。上级医师转过头来，看了我一眼，说："愣着干嘛？快去！"

我记得治疗的整个过程中，那人都戴着手铐。除了手术全麻摘掉一会，很快又铐了回来。后来，我的上级医师告诉我："我们的职责是救人。不管对面是谁，不管他的身份、职业和背景，我们眼里看见的只有病人。知道无国界医生吗？他们救的是谁——除了平民，还有军人和战俘，那些都是治好了以后要去杀人的战士，可他们依然毫不犹豫地救。为什么？因为我们是医生。尽到本职就好，别想太多。"

多年以后，我依然记得那一天他跟我说的话。

所以，在我看来，救一个人没有什么值得，或不值得。去救，就是我该做的事。

当然，在此过程中，难免会看见人性让我们失望的部分。看多了也就理解了。这样的事，每个医院都有，以前有，以后也会有。

"不要让这些影响和改变我们，"我对他说，"记住，你做一个志愿者，是为了影响和改变世界。"

未然医生

2017 年 10 月 29 日

# *Letter 28*：我唯一能做的就是守在这里，像一盏灯光

未然医生：

　　昨天我和一位德高望重的医生前辈一起录节目，她问了我一个问题："你说什么才是一个好医生？"我想了想，说："医术高明。"她摇摇头："不，一个好医生首先需要是一个'暖医'。医者仁心。离开了仁心，医者无用。病人只有发自内心的相信医生、相信自己能被这个人治好，他的病才能好。"

　　她说完，我想起了你。谢谢你的故事，让我看到一个现实版的"暖医"。

　　这些日子，我在一家三甲医院为一个乳癌病友团做心理支持，也有一些感触。我发现，有些疾病的可怕之处，不仅在于身体上的痛苦，更在于心理上的打击和损毁。疾病真的是一场可怕的心理浩劫。

乳癌是我接触最早的患者群体。第一次听说她们的故事，是我在外企做"乳癌心理支持沙龙"的时候。一个年轻女孩，二十五六岁，人非常漂亮，金灿灿的海外留学背景，刚入职不久。不幸在体检中查出乳癌，需要切除单侧乳房。她一度无法接受，拒绝手术。后在家人和朋友的劝说下，终于同意手术，却又在手术后的第三天，在病房里企图自杀。当时，很多同事都议论，说女孩太"矫情"，手术都成功了，命也保住了，还死什么死？

半年后，她来到我们的心理沙龙，我们才知道当时她有多绝望。

女孩说，查出乳癌的时候，她正好遇到自己心爱的男孩。男孩很喜欢她，她却很痛苦，不知该怎么向他表达自己的病情。她是一个失去乳房的女人，他会怎么想？

他会逃走吗？他喜欢的那个美丽自信的女孩不在了，只留下胸前的疤痕和心底的创伤。她没有理由要求他必须接受。他当然可以走。可是，他走了，她该怎么办？

或者，他会接受吗？不行！这对他不公平。他那样年轻那样优秀，让他接受一具残疾的身体陪伴往后的人生，对他而言是一种伤害。她不忍心，也做不到。

于是，她决定结束自己。以一个遗憾，终结所有的遗憾。那一天，趁医护人员查完房离开，她把腰带绑在卫生间的浴帘杆上自缢。所幸，即将失去意识的时候，浴帘杆折断了。

她说，接近死亡她才忽然明白，原来残疾不是最不可逾越的障碍，死亡才是。如果不努力就放弃，那会连死都是遗憾的。出院以后，她向男孩坦言了病情，男孩毫不犹豫地接受了。他们举办了童话般的婚礼。婚礼那天，她手捧鲜花，白纱曳地，笑得无比幸福，像韩剧里的大结局。

也许你会说，这样的剧情在现实中太少。是的。能穿越疾病与痛苦和心爱的人走到一起，这样的故事太少，也太不容易。

大部分情形，是像我昨天的来访者，同样的疾病，截然不同的命运。

42 岁的女士，因乳癌摘除了单侧乳房，治疗药物的使用导致了她的停经。在这之后，她不再能坦然面对丈夫。胸前的疤痕让她没有勇气袒露身体，也不再可以过正常的夫妻生活。她甚至觉得，即使丈夫在外边有别的女人，她也没有资格过问，因为自己已经残疾，再也无法拥有正常的亲密关系。

手术后的一年，丈夫反复安慰和鼓励她。但她心里始终难以接纳自己，不断拒绝和逃避。终于，丈夫看不到希望放弃了，向她提出离婚。她在我的咨询室里，哭得伤心欲绝。

乳癌带给女性最大的打击，不是身体上病痛，而是心理上的"残疾"。失去乳房，失去女性的第二性征，很多患者从此质疑自己，失去面对异性的勇气，不知亲密关系该如何继续下去。更残酷的是，这种痛苦伴随着羞耻，无法言说，很难向身边的人表达，也难以得到理解和支持。因此，她们只能在孤独中压抑和沉默下去。

一个人最大的孤独，不是只身独处，而是身边围满了关切的人，而你依然孤独。

　　疾病好像一场战争，我们一无所有，只能靠着内心的信念顽强支撑。能走多远，能扛多久，全看我们的心能不能从烈火中涅槃重生。

　　我想，我唯一能做的就是守在这里，像一盏灯光，陪她们行走在漫漫长夜。最终的抵达是穿越，还是沉沦，只能看她们自己的勇气。

林寻

2017 年 11 月 5 日

# Letter 29：爱情像信仰，有跨越生死的力量

林 寻：

谢谢你的来信，让我看到世界的另一番模样。

我一直以为，癌症带来的痛苦是相似的。尽管病灶位置不同，但心理历程差别不大。此番看来，是我想简单了。不同的疾病背后，是截然不同的人生。

你提到那位年轻的乳癌女孩，最终穿越内心的阻碍，与恋人终成眷属。你说，我会以为这样的故事在现实中太少。其实不然。我是一个对爱情满怀信心的人。在我看来，爱情就像信仰，是有力量跨越生死的。真爱面前，不管发生什么，不管付出怎样的代价，人们都会不顾一切去执着坚守。这并没有多伟大，或多高尚，只是一种本能。

曾看过一句话："好看的皮囊千篇一律，有趣的灵魂万里挑一。"我想，一个人一旦遇见了这"万里挑一"，他便能冲破一切，奋不顾身。

　　唯有奋不顾身，才是爱情。

　　说到乳癌患者的亲密关系，我也有一些想法。我想，乳癌女性身边的男性，大约可以分为三种：一种是能够接纳这件事的，另一种是难以接纳的。还有第三种，他可能本身没有心理准备，从没想过这个问题，比如我。他可能需要一点时间去了解和学习，尝试接纳乳癌所带给女性和亲密关系的影响。而在这个过程中，女性本身的状态，会影响到身边男性的态度，特别是第三种男性。

　　站在一个男性的视角，我认为女性的美和外貌身材并没有严格的匹配关系。它更像一种气息，一种积极乐观、富有感染力的精神面貌。所以，我并不认同身体的残缺会给一段亲密关系带来致命打击，男性的态度是可以被影响和教育的。当然，前提是乳癌女性可以很好地接纳和爱自己，才能展现出自身美好的状态，给身边的男性以信心和引领。

　　存在主义哲学家萨特说："他人即地狱。"若把救赎的希望放在别人身上，是注定要落空的。真正能拯救我们的，永远只有自己。正如你所言，她们最终的抵达是穿越，还是沉沦，还要看自己的勇气。

　　以上，班门弄斧，希望没有太冒昧。

未然医生

2017 年 11 月 8 日

# Letter 30："他人即地狱"

**未然医生：**

你的来信给了我很多启发，特别是萨特的"他人即地狱"。

我们对别人有期待，所以失望；我们对别人有渴求，所以受伤；我们在乎别人的评价，所以无所适从；我们害怕被别人抛弃，所以卑微和迷茫；我们因为别人的眼光，无法做自己。也许，人终其一生的成长，就是为了摆脱别人寻获自己。这个过程如此漫长，我们只能一边迷惘一边向前。

这些天，遇到一点困惑，想听听你的看法。

上次为乳癌病友提供心理支持以后，更多患者联系我们，希望我们的咨询师团队能为更广阔的人群提供帮助，包括患者家属和孩子。为此，我找到了医院肿瘤康复中心的主任，希望得到院方支持，把心理咨询整合到肿瘤康复治疗中来，更全面地帮助患者家庭。虽然医院也有心理科，但是，心理咨询师给到来访者的是温暖、安慰和支持，而心理医生给到患者的更多是诊断和治疗，这二者之间，除了处方权之外，还是有很大不同的。我以为院方会支持我们的想法，没想到，收到的是拒绝。

从业三十多年的主任，听我说完，摘下老花镜，淡淡一笑，说："年轻人，你们太天真了。当然，想法很好，但行不通。"

她说："我当医生几十年，对于人心的冷暖体会很深啊。有这么一些少数的病人，他们觉得，反正我都要死了，什么都无须顾及了。有赖在医院不走的，就说你医院没治好，你得管到底；还有一大家子来医院闹的，说你们给耽误了、给治错了，你们要负责；还有的呢，寻着各种不痛快、找着各种茬，要医院给赔钱。就这些纠纷，我们平日里都应付不过来，恨不得少一事是一事。你这倒好，还来凑热闹，搞什么心理咨询。你这一来，咨询好了咱不说，万一给人咨询不痛快了，在医院里闹腾起来，这谁负责？谁来收场？"

老主任拍拍我的肩，语重心长："当然，咱不是把人都往坏处想。病人里边吧，大部分是善良的，他们有感恩之心，对医生和院方都很尊重和信任，就像你接触到的那些。但保不齐总有个别的，人之将死，恶的一面就蹿了出来，咱们也得去面对。你是搞心理的，人心的善恶你比我懂，对不对？所以，你的想法虽然好，我也认可，一定可以帮到很多的患者家庭，但，作为院方我们真的不敢用，这里边有太多不可控的风险……"

　　她的顾虑我能理解。只是有些失望。世间的善恶，难以用我们的所见所想来诠释；生命尽头的人性，更难用简单的"善"和"恶"来衡量。我想，我们不该因为受伤或失望就止住前行，有那么多病人在痛苦中沉浮，犹如溺水之人期盼一线希望。作为搜救员，眼睁睁看着他们沉下去，才是最煎熬的遗憾。

林寻

2017 年 11 月 13 日

# *Letter 31*：林寻，不要放弃你的梦想

林 寻：

你的困惑我也有共鸣。

你把痛苦中挣扎的患者比做溺水之人，尤其触动我。我想起一位朋友跟我说过的故事。

这位朋友热爱潜水。为了感受不同的海域，他转遍了大半个地球。最远去到过南极，凿开冰层，潜到冰海底下去看白色的海豚和鱼群，是亚洲人里玩冰潜的前 100 名。去年，他拿了职业潜水教练的资质，定居马尔代夫，以教游客潜水为生。

上一次休假，他来看我。我问他，做教练好玩吗？他笑笑说："'好玩'两个字太不够。你知道潜水教练最酷的是什么？"我摇摇头。他放下手里的烤串，喝了口啤酒，说："水下搏斗。"

当然，不是和鲨鱼搏斗，是和自己疯狂的队友。

他说："潜水之前，教练会对学员做好全部教育准备，包括身体可能出现的反应，各种可能的危险及应对，水下沟通的手势，以及如何使用呼吸器。并且经过多次演练，直到学员完全掌握才能下水。下水的时候两个人绑在一起，一个教练带一个学员。这是一种生命的捆绑，你把他活着带下去，就要把他活着带回来。"

潜水的过程充满变数，你不知道什么时候会遇上危险。但你知道，没有什么比你身边的队友更危险。

"他们会突然失控，像章鱼一样扑过来，死死缠住你；乱踢乱打，把你的呼吸器打掉，把你踢伤，把你往深水里摁。你不知道溺水的人有多么疯狂，他们意识丧失，仅凭残存的求生本能，死命抓住靠近他们的一切东西。一旦抓住，绝不放手。许多潜水教练都是这样，在救援过程中葬身深海。"他说，"所以，教练要会'水下搏斗'。第一，保护自己，只有自己活着，队友才有希望。第二，避开攻击，绕到队友身后去救援。第三，不到最后时刻，绝不放弃。"

他说完，我忽然觉得这感觉很熟悉，就像那位主任说的"人之将死，其性本恶"。我更赞成你的看法，溺水之人的最后挣扎，非"善恶"两个字可以简单解释，患者们正是这样。对于我们而言，"水中搏斗"也适用：保护自己，避开攻击去救援，不到最后绝不放弃。

我喜欢你的想法，结合医院的医疗体系，为患者家庭提供全方位的心理支持。据我所知，国外的一些医院已整合了这样的医疗心理服务，相信在我们身边，这样的时刻也不会太远。

电影《熔炉》里有一句话："我们一路奋战，不是为了改变世界，而是不让世界改变我们。"

林寻，不要放弃你的梦想。

未然医生

2017 年 11 月 15 日

# Letter 32：你不是邪恶，你只是孤独

未然医生：

忽然想起你说过，我们是背靠背迎敌的战友。此刻感觉更加温暖。

城南医院的患者支持项目告一段落，我也可以稍作休息。周末去天坛公园走了走，蓝天白云衬着古建筑的碧瓦红墙，千年古树落木萧萧，初冬的景象，别有一番味道。有机会，你也去看看。

这些天，见了两个来访者，让我又想起前一封信里讨论过的人性的善恶。想听听你的看法。

还记得我提起过的那位想要自杀的肝癌患者吗，他的癌变转移到了肺部和大脑。我们约定了每周三下午的咨询。这一次他跟我谈起了他的"恶"。

他说："隔壁病床那个 15 岁的孩子，肺腺瘤，昨天胸片出来了。我看了看，几个团块云雾状的阴影，和我查出来时一样，很典型，恶

性的。我心里忽然就踏实了，忍不住开心。我想，好家伙，人 15 岁就得了这病，就得死了，我都四十多了，比起他，我这辈子值当了。你说，我是不是变态？很邪恶对吧？"他看着我，笑得麻木僵硬。

我看了他一会儿，摇摇头，说："不，你不是邪恶，你只是孤独。"

他沉默了很久。

之后闭上眼睛，把脸深深地埋进手掌里。

另一位来访者，是家庭暴力的施暴方。

咨询前一晚，他与妻子争执。妻子猛扇他耳光，他冲进厨房抄起菜刀，想砍死妻子再自杀，幸被家人制止。

他说，他想死已经很久了。结婚十年，妻子贬损他、监视他、控制他：每月工资全数收走，他身上从来超不过 100 块钱。妻子抱怨他挣得少，丢人，不像个男人。为防止他"出轨"，每天检查他手机，不许与朋友交往，不让与亲戚联系，稍有不如意就发飙，扇他耳光。他无数次想过离婚，但不忍年迈的父母伤心，又舍不下孩子，如此一再妥协。终于在前一晚，十年的积怨如火山爆发，他想跟她同归于尽，要死得血肉模糊才够解恨。

他说："这是我十年来第一次对她动手。她疯了一样地哀嚎，躲在角落里。儿子冲进来挡在她面前，跪在地上求我，眼里都是恐怖……我觉得自己像个魔鬼。你看，我简直就是一个魔鬼！"他低下头，双手不断地撕扯头发，眼睛通红，像围困在囚笼中的野兽。

　　我忽然想起看过的纪录片《解救黑熊》：黑熊被关在笼子里，每日被抽取胆汁制药。常年的折磨，让它看见饲养员就猛烈撞击笼子，露出牙齿疯狂地嘶吼。

　　我看了他很久。说："不，你不是魔鬼，你只是绝望。"

　　他的喉咙渐渐呜咽，直到失声痛哭。整整一个小时，声嘶力竭。

　　弗洛伊德说，人有两大本能"生本能"和"死本能"，这大概是每个人的宿命。宿命面前，没有善恶。在我看来，"爱"是人之天性，我们生而具有的"生本能"。只有求生不得、求爱不成的时候，人们的"恨"才会出现，"死本能"才会占据主导。

　　也许，世上本没有真正的"恶"，有的只是对生命和爱失望至极的人。


林寻

2017 年 11 月 19 日

# *Letter 33*：世上除了生死，都是自己的决定

林 寻：

天坛公园我去了，不错。看见一株很有意思的古树——柏抱槐。千年古柏的怀中生长着一棵百余岁的古槐，二者相生相荣，枝繁叶茂，虽是初冬，仍旧一派生机盎然，让人心生喜悦。

你说的两个故事，我思考了很久。你说，世上没有真正的"恶"，有的只是对生命和爱失望至极的人。

这一点上，我没有你乐观。在我看来，世上是有纯粹的"恶"的，不管是否情有可原，都无法改变"恶"的事实。

说到绝症，我见过许多癌症末期的患者。他们明白自己没有希望了，于是去做"守护天使"志愿者，安慰、鼓励和帮助其他患者，想尽一切办法活下去。他们认为，别人生命的延长就是对自己生命的延续。

　　在我看来，这就是"善"。而与之相对，希望别人过得不好的，就是"恶"。

　　说到家暴，我多年前也见过一起。

　　那时候我在 ICU 轮岗，接到一个车祸外伤的危重病人，是个三十多岁的女性，肋骨断了七根，肇事者是她丈夫。据说妻子不堪忍受常年家暴，提出离婚。丈夫一怒之下开车撞向她，之后，在路人的惊叫声中，将她拖行了 700 米。更离谱的是，整个过程中，他们 9 岁的女儿就坐在副驾上。

　　多年以后我仍记得那一天，小女孩失魂落魄的样子。她站在手术室门口，头发散乱，神情恍惚，不管警察问什么，她只翻来覆去地自言自语："我爸爸是个坏人，我爸爸是个坏人……"

　　我想，站在心理学家的视角，或许你会说，这个爸爸之前一定有不幸的童年。或者，你会说："如果你认识过去的他，就会理解现在的他。"

　　可我认为，恶就是恶，理解不代表原谅。仅仅因为对生命和爱失望，就有理由对世界满怀恶意吗？就可以伤害别人而得到宽恕吗？我可以理解溺水之人的垂死挣扎，可以理解绝望之人的困兽之斗，可我不能理解他们因为自己的痛苦牵连无辜的人。一个负责任的人、一个善良的人，是不会把自己的悲剧转嫁于别人身上，或者期待自己的悲剧在别人身上重演的。而一旦他这样做了，他也就放弃了"善"的准则，贴近了"恶"的边界。

也许，命运是我们无法选择的，但"善""恶"可以。世上的事，除了生死，其余，都是自己的决定。

未然医生

2017 年 11 月 25 日

# Letter 34：恨你的人没勇气让你死，爱你的人没勇气让你活

未然医生：

你的观点总是那么坦率、直接。我喜欢真性情的人。

这几天，给一个公益机构的心理志愿者们做督导，有一些见闻，与你分享。

第一个故事发生在康复中心。一位五十多岁的男性患者脑部肿瘤，切除后，丧失身体活动能力，在病床上一趟就是十年。这期间，照顾他的人很特殊——是他离异的前妻。据说，这位男性病前很是风流，有好几个情人。前妻不堪忍受，与他提出离婚，他翻脸无情、赶尽杀绝，请来知名律师剥夺了前妻的财产和对女儿的抚养权。

我们的志愿者很感慨：被前夫如此对待，这位前妻还能在病床前

无怨无悔照顾他十年，这是怎样的深情厚谊，怎样的义薄云天？

然而，这位前妻听完志愿者的话却怒不可遏："我呸！什么深情厚谊？什么义薄云天？老娘天天盼他死！我是下不去手，不然恨不得亲手掐死他！我守在这不是为了他，那是为了我女儿！我不来，女儿就得来。我这辈子算是废了，可女儿还年轻，这个'牢'我替她坐。看看谁能熬得死谁！"

我们的志愿者怔愣在原地，一句话都说不出来。

第二个故事发生在医院病房。一个外地的工薪家庭，儿女不惜高额花费，租下救护车长途奔波，将深度昏迷的父亲带到北京，辗转多家医院求治。在志愿者的帮助下，来到城北医院神经肿瘤科。检查完毕，医生建议立刻手术，否则老人性命难保。但手术的预后不好，老人无法恢复到病前的自理状态，后半生都需要家人照顾。老人的儿女犹豫了整整一夜。第二天对医生说，不治了。不顾院方劝阻强行出院，租了救护车带老人回家。

一直为他们奔忙的志愿者们难以理解——既然不远万里而来，可见孝心一片，医生又说可以救老人的命。为什么放弃？难道他们忍心让自己的父亲死吗？

医生叹了口气，说："大概怕老爷子往后瘫在家里，没法照顾吧……"

在场的志愿者们低头不语。过了很久，组长说，那位昏迷的老爷子要是心里明白，不知做何感想？

　　有时候，人的生命由不得自己。是生是死，需要看别人的决定。做决定的人也很重要——或许，恨你的人，没勇气让你死；而爱你的人，没勇气让你活。

　　"善""恶"大概和人性一样，悬而未决、模糊难定。我们身处其间，理解就好，无需失望，亦不必强求。

林寻

2017 年 11 月 29 日

# *Letter 35*："知不可为，而不为"

林寻：

世界真小。我在想，也许有一天，走着走着，迎面就会遇到你。

你信中提到的那位深度昏迷的老人，正是我的病人。

那一天，家属决定放弃治疗，我仅重申了病情，让他们考虑清楚，没有执意挽留，也没有阻拦。这是一场生命的遗憾，令人惋惜，却无法阻止。作为一个医生，我的职责是做好每一台手术，让病人活下来。可是，在这之外呢，病人的余生怎么过，命运的重责谁来承担？这些都超出了我的所能。唯有承担者，才有资格做决定。

记得多年前我读博士的时候，师兄跟我说过一个故事。有一次接到一个病人，17 岁的男孩，双侧听神经附近各长了一个肿瘤。肿瘤不大，但手术分离难度很大。同事们看了病情报告和片子，众议纷纭，都摩拳擦掌跃跃欲试，期待一个精彩的高难度手术。只有老博导沉默不语，独自背着手，在观片灯前站了很久。末了，长叹一声，说："都别说了！这手术不能做。孩子才 17 岁，如果双侧听神经损伤，术后就聋了，往后一辈子怎么过？就伽马刀治疗吧，最大限度保护听神经。"之后转身离开，留下一众哑然。

后来，孩子的父母几经犹豫，也选择了放弃手术。

师兄说："手术的成功是外科医生执念，而术后的人生，才是患者一辈子的命运。'知不可为，而不为'，才是一个医生更高的修为和境界。"

疾病面前，唯有亲历者和承担者，才有权选择。除此以外，任何站在道德制高点的评断，都是不妥当的。所以，我尊重病人和家属，只要不是心怀恶意的加害，他们都有自己不得不做选择的理由。

当然，遗憾一定会有。我常常想，或许人生的本质就是遗憾。我们无法通过选择避免遗憾，而只能在一个遗憾和另一个遗憾之间做出选择。

看清这一点，也就可以释怀。

未然医生

2017 年 12 月 3 日

# Letter 36：这一份诚实，是他们的灵魂

林　寻：

好久没有你的来信，一切都好吗？

前些天，看了你为医护人员录制的《肿瘤心理康复》视频课，很有收获。但明显感觉出，你的状态过劳和疲惫。肿瘤心理康复是一条少有人走的路，路漫漫其修远兮，上下求索需要时间和耐心。踏实走好每一步即可，无须日夜兼程。别太透支自己。

上周末我去给一个心理治疗工作坊讲了两天课，当然，讲的是医学方面的内容。在座的有一位女作家，课后，她跟我谈起关于诗人的一些心理话题，很有意思，说来你听听。

上大学的时候，我喜欢一个诗人叫顾城——"黑夜给了我黑色的眼睛，我却用它寻找光明。"——这是顾城的《一代人》，相信你也听过。记得诗集的封面是一张黑白照片，照片里他戴着帽子，眼神

忧郁。

　　女作家说："顾城头上戴的可不是帽子，那是裤子。北岛在《失败之书》里提到，顾城担心他纯净的思想被世俗污染，所以戴上一顶自制的帽子。我猜，他把牛仔裤腿剪下来戴在头上，是代表对世俗的反抗。"

　　"是不是诗人都很孤独？"我问，"好像一般人理解不了他们。比如顾城，用斧头砍碎妻子的头颅，之后吊死在门前的树上。又比如海子，在山海关卧轨，让整趟列车从自己身上碾过。他们的死，有玉石俱焚的毁灭感，似乎在表达某种巨大的愤怒和绝望。"

　　女作家点点头："生命与死亡都是文学中最重要的意象。孤独、愤怒、绝望，在表达意向的过程中，是最有冲击力的宣泄。真正出色的诗人，通过语言触及人类的灵魂，他们本身对人性的感受也更为敏锐和丰富，所以会有'众人皆醉我独醒'的痛苦。有时我觉得，自杀于他们而言是一种莎士比亚式的浪漫。虽结局惨淡，但过程激荡，一如他们无处安放、炙热的情感。"

　　我说："像顾城、海子这样的人，人格层面有着明显问题，他们的文学作品你如何看待？"

　　女作家想了想，说："一个艺术家的成就，与他们人格是否健全没有直接关系。重要的是，他们对艺术的态度——敢不敢无惧世俗眼光、诚实地表达自己。比如梵高，他的画作就像小孩的涂鸦，自己的内心全然呈现，毫不隐藏。又比如海子，他在诗里写：'在春天，野

蛮而悲伤的海子 / 就剩下这一个，最后一个 / 这是一个黑夜的孩子，沉浸于冬天，倾心死亡 / 不能自拔，热爱着空虚而寒冷的乡村。' 他把对死亡的向往真诚地袒露出来。这一份诚实，就是艺术家的灵魂。"

　　好吧，也许在艺术面前，死亡的世俗定义和评价是不适用的。我们只能心怀敬畏，远远望着诗人们孤独和美丽的灵魂。

　　末了，分享一段顾城的诗，希望你也喜欢：


　　我多么希望，有一个门口

　　早晨，阳光照在草上

　　我们站着

　　扶着自己的门扇

　　门很低，但太阳是明亮的

　　草在结它的种子

　　风在摇它的叶子

　　我们站着，不说话

　　就十分美好


　　　　　　　　　　——顾城《门前》


　　　　　　　　　　　　　　　　　　未然医生

　　　　　　　　　　　　　　　　　2017 年 12 月 8 日

# Letter 37: Live in the moment（活在此刻）

未然医生：

谢谢你的诗，很美。

抱歉，这次回信耽误了这么久。

两周前我在出版社录课时突然晕倒，被送去急诊。呼吸局促，心脏难受，肢体发麻不能动弹，手抽搐得厉害。医生说，是通气过度引起的呼吸性碱中毒，身体机能没有异常，可能是太过劳累。之后的第三天，刚工作几个小时又晕倒了。医生说，这些像"猝死前事件"，要我务必重视。我吓得不敢工作，老老实实休息了两周。

这次的过程很不同。以前思考死亡，都是别人的死亡，而这一次，我思考的是自己的死亡。

我忽然明白了死亡的恐怖——那种强烈的无力感——眼前一片漆黑，身体不自控地痉挛，心跳和呼吸极度混乱，似乎下一秒就会崩溃。

身边围着许多人，可谁也帮不了你，你无法表达，他们也无法了解。那种感觉特别绝望，我不敢放松、不敢休息，我害怕失去意识就再也醒不过来。我害怕猝死在医院，我的父母该怎么办？他们只有我一个孩子，一辈子的爱和希望都在我身上，我怕我死了他们会活不下去。

这是我第一次感受到死亡的强硬，当它决意要来，不管你是谁、有没有做好准备、你和你的家人承不承受得起，它都毫不留情，没有犹豫。

也就是那一刻，我感受到生命的不可逆转与宝贵。再伟大的事业、再重要的工作、再紧急的日程，如果以生命的损耗为代价，都得不偿失。一个人首先必须得活着，才有机会实现梦想，才有可能改变世界，才有能力帮助他人。

记得一位来访者曾跟我说过他的故事。他是一个亚裔美国人，对死亡充满好奇。每一次去旅行，他都会刻意寻找那些有死亡气息的地方。例如，古时遭遇过屠城的印度小镇，越南边境死过很多人的战场，还有珠穆朗玛峰一条频繁发现遇难者的攀登路线。他说，接近这些地方的时候，可以"和死亡对话"。

"有一次，我去日本的富士山旅行。山脚下有茂密的森林。据说，其中的 71 号林区就是举世闻名的'自杀森林'，来自世界各地的自杀者们在这里自缢身亡，这个地方好像被施了诅咒一样。我喜欢这种不祥的神秘感。于是，坐着摆渡车来到附近的 65 号林区，摆渡车不再往前了，我就自己走进去。越往里走，树木越高越阴森，阳光似乎照不进去，连一只鸟都没有，整个森林一片死寂，只有风吹过树叶的声音。我在原地，闭上眼睛，站了 15 分钟。心底有一个声音，对我说了一句话。之后，我转身，大步流星离开了那里。"

"你猜，死亡对我说了什么？"他饶有趣味地眯起眼睛，看着我。

我摇摇头。

"它说‘Live in the moment’（活在此刻）。"他微笑，"走出来的时候，林区外边有个穿着白衣的守林大叔冲我点了点头。那一刻感觉真好——原来，当下、活着，就是人生中最美好的事。"

此刻，我想，我终于听懂了他那天的话。只有与死亡擦身而过的人，才会懂得"Live in the moment"的幸福。

林寻

2017 年 12 月 12 日

# Letter 38：世界的本质是唯物还是唯心，重要吗？

林寻：

你终于回信了。这段时间一直心神不宁，原来真的是你有事。

记下我的电话和联络方式，城北医院神经肿瘤外科陈未然医生。下次再有类似情况，第一时间打给我。

当然，希望见到你的时候，你不是被送来急诊，而是好好地站在我面前。我会请你喝咖啡、吃饭、聊天、看电影。

好了，闲聊完毕，说正题。正好有个问题想请教你：对于生命末期的人，如何看待他们的一些迷信想法？

从几年前开始，我不断听晚期癌症患者提起他们的梦。这些梦都很类似，比如，梦见已故的亲人来接他们、早逝的朋友来跟他们相聚，梦见阎王小鬼来抓他们，或者梦见死后阴曹地府的样子。他们往往描述得惟妙惟肖，相信这些梦有着特殊的意义。

　　我是一个唯物主义者，多年的职业训练将现代科学观牢牢根植在我的思想里。每当听到这些，我都会郑重地告诉他们，世上没有灵魂，也没有阴曹地府和六道轮回，一切都是人们的想象。人死了，就是从有机物转换成无机物，再度回归大自然，为万物生长提供养分，仅此而已。

　　然而最近，我的想法却有了一些动摇。我接到一个晚期患者，是个佛教徒。她不像其他病人一样抑郁苦闷、挣扎求治，而是终日带着微笑，从容淡定。她热衷于探讨自己的前世，探讨那个世代和身边人的关系，探讨这一世受苦是为了消减定业，探讨下个转世会投生成什么样子、过怎样的生活……她活在自己的精神世界里，那个世界充满希望，不会随着死亡消失和终结。

　　我忽然觉得，不忍开口打扰她。世界的本质是唯物还是唯心，重要吗？对于一个将死之人，她怎么快乐就怎么相信好了，何必要用现实去破灭她的幻想？但是，另一方面，我又有执念，总觉得宗教迷信不好，医生有责任告诉病人真相，不要让他们满怀不切实际的希望。

　　很矛盾，想不清楚，所以想听听你的见解。

　　盼回复。

未然

2017 年 12 月 13 日

# *Letter 39*：死亡不是终结，而是某种开始

未　然：

陈未然医生，我喜欢这个名字。

你提到的关于末期患者的灵性关怀，我也很感兴趣。

与你一样，我们都是现代科学体系培养出来的唯物主义者，但我不排斥患者在宗教和灵性方面的信仰。并且，对于末期患者，我发现灵性观对他们有着巨大的支持意义，特别是在死亡面前。

有灵性观的人，会对死亡做出独特的解释。比如，基督教徒认为，人死后会去到天堂，那里有上帝和天使的守护，平安喜乐。佛教徒认为，人死后会进入六道轮回，重新开始下一次的生命和修行，直至功德圆满，飞升极乐净土。又比如，中国古老的民间传说认为，人死后会去到阴曹地府，由阎王爷对今生功过做出审判，然后过奈何桥，喝孟婆汤，忘掉今生一切，投胎去往下一个世代。

这些对于死亡的解释有一个共同特点，就是：死亡不是终结，而是某种开始。它是"死后生活"的开始。如果，人在死后还有"生活"，还有着无限的可能，还有着另一次生命的希望，那么，死，又何须恐惧？

这和我们唯物主义者的死亡观不同。我们的死亡观，从某种角度来说，冷酷而决绝。曾经，有一位血液科医生跟我提起他患肝癌的父亲，泪流满面。她说："我一想到我高大和蔼的老父亲，就要变成一具僵硬的尸体，再变成一捧灰，彻底消失在我的生命，我的心就疼得像刀绞一样……"

是的，在我们而言，"死"就是"没了"，就是"灰飞烟灭"，什么也不剩。这是多么痛苦和绝望的丧失。

如果人一定要死，何不死得温情些？从灵性的视角，我宁愿患者们相信：自己死后，虽失去身体，但灵魂可得自由，可以回来看自己想念的人，可以去往更幸福的下一世，可以往生极乐的天堂。

死后的世界究竟是什么样子，谁也不知道。我赞成你的想法，对于一个将死之人，世界的本质是唯物还是唯心，不重要，重要的是，一个将死之人内心的安宁。如果灵性观能为他们带来生命尽头的平静祥和，我们便应帮助他们终得圆满。

最后，附上一个我的咨询案例。她是我陪伴过的一个癌症患者，至今已去世两年了。案例写得较长，里边记录了她生命尽头的灵性思考，以及我的一些感受。与你分享。

林寻

2017 年 12 月 15 日

附：案例故事

# 她比烟花寂寞

[题记]：

江南说："你知道，死是一种什么样的感觉吗？就好像你将要去一个地方，一个所有人都害怕的地方。那里没有你爱的人，没有你熟悉的一切，什么都没有，只有你自己。像一口深不见底的洞穴，你猛然跌进去，就再也出不来了，只能在黑暗里不断不断地往下坠。"

她说："林寻，我不怕死，我只是害怕，一个人去死。"

**第一次会面**

2015 年 6 月，那一天阳光格外刺眼。

透过咨询室的窗帘，光线直射在江南脸上，像电影里的面部特写。

"林寻老师，我不敢跟别人说，他们会觉得我疯了。但我知道你会懂，所以，我背着家人来找你。你能帮我吗？"

江南目光灼灼地看向我。

片刻的犹豫，终于，我还是点了点头。

（案主：江南，女，47 岁，直肠癌晚期，缓和医疗中。因在网络上看到我介绍催眠的文章，辗转找到我，想尝试前世回溯疗法。她说，这是她此生最大的心愿。）

江南跟我讲了一个故事。

从高中时候起，她常常做一个重复的梦。梦里她住在一个四合院里，是一户小康人家的女儿。父母都是手艺人，经营祖辈传承的产业。家里有一户长工，长工有一个儿子叫小舟。她与小舟年龄相仿，青梅竹马，长大后渐渐喜欢上了对方。在梦里，那种感觉特别真切，特别美好，每每梦醒，都让她留恋。

大学以后，随着学习和工作越来越忙，很少做这个梦了。直到一年前，自己查出癌症晚期，辞掉工作治疗期间，这个梦又开始出现。反反复复，同样的场景同样的人。江南说，只要一闭上眼睛，她就能看见小舟的样子，清清楚楚地浮现脑海里。

"林寻老师，你做了那么多催眠，一定知道，我在梦里看到的就是前世，对不对？我看了布莱恩魏斯博士的《前世今生》，又看了你的文章，我知道，只有催眠能够帮到我。你能多告诉我一些吗？关于前世，关于灵魂，还有轮回转世。"江南看着我，目光满是期待。

"江南，诚实地说，我并不知道人到底有没有前世。催眠疗法里的'前世回溯'仅仅是一项心理治疗技术，它侧重治疗效果，而并不去论证'前世'这件事情的真实性。"

我说得很慢。一边在想，该怎样跟她解释。关于前世，灵魂，轮回转世……这些显然超越了心理学的范畴。然而，对于江南，对于此刻她所处的生命阶段，生与死的灵性，却正是她最关注的议题。

"事实上，有好几种不同的观点试图解释所谓的'前世'。我说来供你参考：

"例如，从心理学角度，认为所谓的'前世景象'其实是我们潜意识的'投射'，就好像'日有所思，也有所梦'。在催眠状态下，潜意识幻想出一个充满情节的故事，以满足我们深层的心理需求，这个故事呈现的方式，就是所谓的'前世记忆'。当心理需求得到满足，心理问题也就得以缓解，于是'前世回溯疗法'的疗效就出现了。

"还有一种观点，从生物学角度来看，物种的代际传承包括很多方面。不仅是身体特征的遗传，很有可能记忆也是随之遗传的。根据达尔文进化论，'用进废退'原则，人类在数百万年的进化中，皮毛退化掉了，尾巴退化掉了，牙齿和指甲的功能都有退化，但大脑却没有退化，相反，脑容量还在不断增加。与此同时，现代科学研究表明，人类对大脑的使用率不足20%，那么，剩下的80%为什么没有退化？很有可能，人类物种的记忆其实是随遗传保留在大脑里的，在催眠状态下被偶然激活，于是，成为我们口中的'前世记忆'。当然，这只是一种猜想，没有实质证据。

"第三种观点是从宗教的角度来看。在某些宗教当中，认为'前世'和'灵魂'是真实存在的。死亡带走的只是我们的肉身，而灵魂不灭，会不断轮回。在我们来到这个身体之前，会拥有许许多多次生命，关于那些生命的记忆就形成了我们的'前世记忆'。在催眠状态或特殊的宗教仪式下，'前世记忆'可以被唤醒，再度被回忆起来，并给我们今生带来智慧的启示。

所以，江南，你所说的'前世'，是上面的哪一种？"

我看着她，专注地分辨着她脸上细微的表情。

江南蹙起眉，认真思考。片刻，坚定地看向我，"我相信第三种。林寻老师，我是一个佛教徒。佛教里相信因果——前世因，今生果。我梦里和小舟的缘分也许就是前世的因，而今生我的感情始终不得完满，想必就是果报吧。所以，我想通过催眠回溯到那一世去看看，和小舟到底是怎样的缘分，怎样的结局。我这一世没有结婚，也许就是在等他。他到底有没有出现在我今生的生活里？如果有，他又会是谁？我还能不能找到他，了却前世的遗憾……"

江南的眼神空茫而忧伤。似乎透过我，看到了很远的地方。

我没有再说什么。

她已有了选择。而我，决定成全她。

我向她介绍了什么是催眠，催眠的注意事项和工作原理。我们做了简单的催眠敏感度测试，很幸运，江南的敏感度很好。我们约定了第二天下午，为她尝试"前世回溯"。

## 第二次会面

次日下午，江南又迟到了半个小时。

她说，堵在二环路上的时候，开着车睡着了，还好被旁边的车鸣笛惊醒，吓得一身冷汗。

她还说，最近两周是她治疗的间歇，之后又得回医院住上一两个月，她等不了那么久，实在太想做前世回溯了。所以，她瞒着家人偷偷开车出来，不想让他们担心。

我对她的状况很担忧。一方面，长期的放化疗，她身体的衰弱程度远超过我的预期，只怕难以支持长时间的深度催眠。另一方面，我更担心她往返途中的安全，每次穿越大半个北京城，她这个状态太危险。

我忽然在想，是不是可以做一个突破规则的决定——上门咨询。原则上，心理咨询师是不上门的，咨询室以外的接触，会模糊咨访界限，影响治疗效果。但对于江南，谁又知道她还有多少时间？也许在生命尽头，她需要的更多是陪伴，而非治疗。

这世上，总有一些事是超越规则的。比如，爱和生命。

我告诉她，下次如果需要，我可以去家里或医院看望她。她很开心，一直道谢。并且说，她正在卖房，反正以后也不需要住了，卖了钱治病，也好付我的诊费。

我微笑点头。刻意忽略掉心底的酸涩。

催眠的过程不太顺利。长期服药的副作用，让江南的皮肤奇痒难忍，不断地抓挠。她埋在静脉里的输药管有些发炎，当身体逐渐放松时，疼痛更为敏锐。我尽量用暗示缓解她身体的不适，她也努力配合与坚持。

随着深化的推进，她渐渐安静与放松下来，紧蹙的眉头慢慢舒展。我在引导中刻意增加了与她互动的频率，然而，就在深化即将完成的时候，我所担心的还是发生了，江南忽然头一偏，睡着了。

有时来访者会在催眠过程中短暂跌入睡眠，又很快恢复过来。我没有放弃，仍想尽力一试，于是稍做调整，改变了语气和音量，希望她能回到催眠中来。

然而，几分钟后，江南睡得更深了。

我知道，她是撑不住了。身体的衰弱，加上一路奔波的疲惫，她真的需要休息。

我停止了引导，给她暗示，半个小时后自然醒来。之后，就安静地守在她旁边。

从这个角度看过去，江南的侧脸在昏暗的光线下尤为温婉。让人不难想见她年轻时的盛世美颜。这样一个女子，该拨动多少人的心弦，牵动多少人的情思？却被一个梦，困住了一生。为一个梦中人，半生零落。

她相信我能懂她。可惜，这一次我真的不太懂。

大约半小时后，江南睁开眼睛，声音迷蒙地问："林寻老师，我是睡着了吗？催眠结束了吗？"

我点点头，遗憾地看向她。我在想，该如何告诉她这个消息，以她的身体状况，恐怕很难再完成任何回溯了。

而未等我开口，江南接着说，"我又做了一个梦，太神奇了，居然是接着以前那个梦的！"

她开始自顾自描述起来。

"刚开始的时候，梦里的景象好像是西藏的什么地方，天空特别蓝，有雪山，有彩色的经幡，有五色风马，画面很鲜艳很美。后来不知怎么，忽然就回到了之前梦里的四合院，又见到了小舟。他说，他要走，去参军，混得好了就回来，到时我爸妈就不会反对我们在一起了。我想跟他一起走，他不肯，说那是去打仗，不能带我。我又担心又着急，然后就醒了……林寻老师，这就是前世回溯吗？我看到的就是那一世的记忆吧？"

江南的声音因为激动而颤抖，急切地等着我的回答。

我微微迟疑了一下，还是决定据实以告。

"江南，刚才你睡着了。你的身体太虚弱，无法支持长时间的深度催眠，所以我们并没有进入回溯。但看起来，你的潜意识非常智慧，它在梦中为你呈现了想要的答案。我不知道那到底是不是前世的记忆，但我知道，这个梦对你有着很重要的意义。对吗？"

江南点点头，湿了眼眶。

"林寻老师，你说，那一世我们会是怎样的结局？那么兵荒马乱的年代，他一走，我们还有机会在一起吗？这一世他又在哪呢？他来找过我吗？我又怎么知道谁是他呢……"

江南的声音很轻，像在问我，又像是自言自语。

我静静地陪着她，没有回答。

## 第三次会面

五天后的清晨。

早高峰的二环路。车辆像大海里的鱼群，彼此沉默着缓慢经过。

我在去江南家的路上。她说，次日就要回医院，再出来大概是两个月以后。她说，这几天又做了一个梦，等不及要告诉我。

车刚开到小区门口，江南已经在那里了。单薄的身形穿着白底碎花的棉布裙，开心地迎上来，好像少女见到了闺蜜一般。

江南的家在小区的中部，我下了车，和她步行走过去。一路上，江南兴致勃勃介绍着小区里的植物。她说，生病之后就很少出门，只每天在这里散步，所以对每一株植物都很了解。它们也像人一样，有开心的，有不开心的。那些开心的就枝繁叶茂，花也开的好；那些不开心的，就会生病，叶子也残了，花也开不出来了。"也许，它们也需要心理医生吧。"江南指着一株快要枯萎的挂花树，笑着对我说。

江南的家是一套小小的复式楼。上下两层，阳光通透，环境雅致。茶几上摆着整套的茶具。江南取出铁观音，泡了一壶，屋子里顿时茶香四溢。

江南把茶盏递到我手上。说，这套茶具闲置了一年多，今天能用上真好。生病前，常约朋友来家喝茶。之后，也不约了。一来，大家都忙，忙工作忙生活，没有时间。二来，一个无用之人，也没什么好见的，不见也罢。

我接过茶盏喝了一口。很香，却很清冷。

江南说，她又做了一个梦。

在梦里，她看到了繁华的旧上海。她是一个上流社会的歌女，打扮时髦，才艺出众，坐在二楼的包厢。身边一位带旧式鸭舌帽的男子，穿着讲究，举止文雅，和她一起谈笑风生。这时，包厢的电话响了，她接起来，对方是一个男人。她叫他什么老板，对方不悦地说："你好好想想，该叫我什么？"她一时心中疑惑，忽然涌起一个念头，那个男人帮她找到小舟了。

梦，到这里就醒了。

"这个梦是接着上一个的。小舟走了，我去了上海。应该是去找他，也不知找到没有。”

江南拿过茶壶，把我空掉的茶盏斟满。淡黄色的茶汤滴落在盏边的竹案上，像一串泪滴，很快渗漏下去，不见了踪迹。

江南抬起头来，眼里的情绪褪去，只剩淡淡清明。

我微笑，看着她。我已不再尝试去跟她讨论所谓“前世记忆”的科学性。一个人，若能寻得内心的安宁与寄托，什么真相不真相，都无所谓。至少在漫无边际的孤独里，还有一份期盼，可以相伴。

江南想要再次尝试“前世回溯”，她仍想知道梦中故事的结局。

我告诉她，以她现在的身体状况，很难完成回溯。但我们可以试试“梦境追溯”——即通过催眠回到梦境中，看看是否能找到更多线索。“梦境追溯”所需的时间比回溯要短一些。

催眠之前，江南在佛像面前祈祷了很久。躺下的那一刻，她轻声问我：“林寻老师，你说我今天能看到吗？”

“你的潜意识很智慧，它会给你想要的答案。”我说。

催眠的过程很顺利。江南很快进入了状态，表情安适而深沉。为了防止她睡着，我缩短了导入时间，提前深化，然后暗示她回到一个最想去的梦境中。

“告诉我，你看见些什么？”我轻声问。

“还是之前那个四合院。两扇大门是很旧的暗红色，门上有铜环。院子不大，中间有棵很粗的老树。小舟家就住在院左边的小房，其他的房间都是我们家住的。”江南缓慢地回答。

"你看见小舟了吗？" 我问。

"嗯……他在那儿……"，江南的嘴角弯出柔和的弧度，闭着的眼睛微微眨动，好像在看着某一个方向，"他穿着军装，很精神。"

"他在干什么？"

江南唇角的微笑更深了，"我拉着他，去跟我爸妈提我们的婚事。"

"请你仔细看一看他，他的样子、动作、感觉，像不像你这一世认识的什么人？"

江南微微蹙眉，似在仔细地辨认。半晌儿，轻轻摇头："他看起来很熟悉，但就是想不起来……想不起来了……"

"没关系，我们继续往前，去看看见到你爸妈时的场景。你看到了吗？"

江南没有说话。

"如果看到了，请你告诉我发生了什么？" 我接着引导她。

回应我的只有均匀的呼吸声。

她又一次跌入睡眠，和上次一样。我试图用提问和语音语调的改变唤回她，依然是没用的。

我于是给出暗示，让她睡上半个小时。以她的身体状况，能在深度催眠状态下稳定这么久，已经不易。

不知这一次醒来，她还会不会有新的梦境。


半个小时后，江南苏醒过来。

　　她说，刚才催眠中进入的梦境，应该是发生在"旧上海"那个梦境之前的。小舟参军又回来了，穿着军装看起来很精神。她很开心，满怀期待带着他去见父母。谁知，父母仍不同意他们在一起，于是争执起来。小舟一气之下夺门而出，之后，再没有回去过。

　　"原来是这样……难怪，我后来去了上海，原来真是去找他……"江南黯然失神，喃喃自语。

　　我问她，经过这些梦境，有没有什么感悟。

　　她淡淡一笑，说："可能那个年代就是这样吧。再怎么努力，也拼不过命运。虽没有看到结局，也能猜出个大概。一定是不得圆满，所以这一世才如此牵挂。"

　　江南说："她今生最大的遗憾，就是没有在现实中真正爱过。也曾有过几个男朋友，却始终没有对小舟这样的情感。"

　　"也许我这一世早早离开，就是上天的安排。说不定，下一个轮回还能遇见小舟呢？"江南双手合十，目光落在不远处的佛像上，轻轻闭上眼睛。

## 第四次会面

　　夏天的酷暑渐渐褪去。再次见到江南，已是初秋。

　　她看起来更加清瘦，眼神却格外明亮。她说，出院后一直白细胞水平低，无法出门。这两天恢复一些了，就等不及来见我。

她穿着长长的雪纺裙，带着草帽，好像要去海滩边度假。只是长发已不再披散下来。她说，都掉光了，就这样吧，戴帽子比假发舒服。

江南依旧喜欢聊她的梦，聊小舟。

她说，她知道小舟是谁了。在这一世里，他是她的高中同学。

那时候，她是学校的校花，优秀高冷，小舟是暗恋她的众多男生之一。他个子不高，人也普通，笑起来很亲切，让江南觉得似曾相识。记忆中，高中三年两人都没怎么说过话，他始终腼腆，只远远地望着她。

上大学后的暑假，他忽然找到她家，因怕尴尬还拜托了她的闺蜜陪着。三个人一起聊天。她了解他的心意，却不知该如何面对自己内心的欢喜。太年轻的岁月，总容易错失爱情。他来过好几次，明里暗里地试探，都被她装聋作哑岔开了话题。直到最后一次，他失望地问她，是不是希望他别再来了，她竟鬼使神差地说"是"。

江南说，自从上次催眠后，这个场景就反复出现在她梦里，和小舟离开的那一幕交叠在一起。她终于明白，这一世，他不是没有来，而是，已经错过了。

"会觉得遗憾吗？"我问她。

"不遗憾，"她轻笑摇头，"知道他来过，也就安心了。佛教里说，人和人的缘分自有定数。我们上一世错过，这一世又错过，想必是天意。能再相遇我已经很满足，不会再奢求什么。"

我看着她的眼睛。好像秋日的湖水，倒映出山峦的剪影。曾经的暗涌褪去，只剩水面上一片涟漪。


告别的时候，江南问我，下次咨询能否多一些时间。她有个很长很长的故事想告诉我。

我说，好，想要多久呢？

她说，一整天。


## 第五次会面


江南坚持要自己来咨询室。

她说，拖欠我诊费已经很惭愧，不能再让我受累跑去看她。

她说，房子就快就能卖出去，之后就有钱了。本来已谈好一个买主，但那人说，买后要重新装修，她就舍不得了。这房子是她自己设计的，每一个细节都出自她手，好像自己的孩子，看不得别人对它不好。于是她反悔，不卖了。

"林寻老师，你要买房吗？如果卖给你，我就舍得，我知道你会爱惜它的。即使比市面价便宜几十万我都愿意！"

江南期待地看向我。未等我开口，自己又连连摇头，"唉，我这是怎么了，跑来跟你卖房，真对不起……你说我这个人，真是矫情，一个房子，生不带来死不带去，我还这么较劲……"

说着，眼泪止不住地掉下来。

我拿过纸巾递到她手上。她用手遮住眼睛，别过脸去。她瘦削的肩膀微微颤抖，像秋风中萧瑟的树叶。

过了许久，江南平静下来。

她说抱歉，今天不是来卖房的，是想聊聊自己的故事。这些事在心里堆了几十年，不知怎么，最近老想起来，于是想告诉我。

她说："林寻老师，你知道我这辈子最幸运的事是什么？就是，得了这个病。它让我终于感觉到，父母还是爱我的。他们的爱，我等了一辈子。"

江南开始讲她的故事。从中午一直讲到傍晚。

江南出生在一个条件优越的家庭。父母都是外交官，奶奶是旧时代少有的知识女性，姑姑是大学教授。7岁那年，父母被派驻国外，就把她寄养在奶奶家，带着妹妹走了。奶奶说，父母要工作，不能照顾两个孩子，妹妹还小，更需要妈妈，所以只能带上她。

江南是跟着奶奶和姑姑长大的。记忆中，整个童年她不是在学习就是在学跳舞。奶奶对她要求很高，成绩全校第一，更是能歌善舞的校花。她是所有人眼中最优秀的孩子。优秀得顺理成章，完美得无可挑剔。奶奶和姑姑总爱在人前夸耀，好像她是一枚精致的勋章，彰显着她们卓越的教育能力和书香门第。

江南不敢让她们失望。因为妈妈不在，她只有她们。

初中的时候，父母回国了。江南搬回家，和爸爸、妈妈、妹妹住在一起。盼望了整整八年的团聚，她曾以为这是漂泊的结束，却不想，只是另一段漂泊的开始。

妈妈不喜欢她，说她"被奶奶教坏了，一身坏毛病。"她想改，却不知怎么改。奶奶也挑剔她，说她被妈妈惯坏了，"越来越不像话"。她不知该怎么做，才算"像话"。妈妈和奶奶的对峙，她不懂。她只知道，她们都把自己当成了对方的替代，要在自己身上分出个胜负输赢。

爸爸工作忙，很少回家。偶尔回来也只和妹妹亲近。多年不见的生疏，让江南手足无措，只能远远看着他们，不敢上前。

渐渐的，江南在挣扎和期盼中沉寂下来。她发现，自己已没有家了。爸爸妈妈和妹妹是一家，奶奶和姑姑是一家。而她，只能自己是一家。她只能在孤独中学会坚强。

大学以后，江南再没向家里伸手要过钱。她自己工作，自己创业，自己读 MBA，一路白手起家，做到事业风生水起，从大学本科，混到高学历女学霸。买了车，买了房，交了英俊富有的男朋友。

在家人眼里，她一如当初，优秀得顺理成章，成功得轻松自然。她是他们的勋章，可以随时拿出来炫耀，赏心悦目，熠熠生辉。只有江南自己知道，她必须多拼命多努力，才能保住他们微薄的爱戴。

在经济最困难的时候，江南挤在朋友的出租屋里，餐餐吃泡面也不让家里知道。感情最低落的时候，她喝得烂醉痛哭长夜，也不对家人吐露半个字。她不敢软弱，不敢松懈，不敢休息，她只能成为强者，她害怕像小时候一样，一次次被他们忽视和抛弃。

然而，这样的日子终撑不了太久。江南还是倒下了。得知医院诊断的那一刻，母亲哭晕在地。而江南，却含泪笑了。她感到前所未有的轻松。这么多年，终于可以休息了。不用再去拼命，去伪装，去向任何人证明。看着父母哭得悲痛欲绝，她忽然觉得幸福。原来，他们也是爱自己的，只是她从没有机会感受到而已。

生病后的日子，父母对她前所未有的好。每天风雨无阻去她家，照顾她，陪伴她。她若住院，他们便日夜不分地守着。母亲脾气也温和下来，处处顺着她，不再和她争吵。父亲天天变着花样给她做吃的，想吃什么立刻去买，任何要求都百依百顺。

江南说，她终于过上了小时候梦想的日子。被爸爸妈妈宠着疼着，捧在手心里。可以任性撒娇，可以失败懒惰，不用再去担心与恐惧。这样真好。

江南说，她曾在一本书上看过一句话，"人生最大的悲哀莫过于，刚刚拥有，就马上要失去了。如此，还不如不曾拥有。"

"我却不这么认为。"江南微笑，"有些东西只有拥有了，这一生才算完整。不管付出再大的代价，都值得。所以，林寻老师，我相信，世间的一切都是最好的安排。包括我的疾病，包括我生命的长度，包括，我遇见你。"江南看着我，笑得云淡风轻。

我忽然想起电影《阿飞正传》里的一句旁白。

"世界上有一种鸟是没有脚的。它只可以一直的飞呀飞，飞得累了便在风中睡觉，这种鸟一辈子只可以下地一次，那一次就是他死的时候。"

原来，世界上，真的是有这种鸟的。

## 第六次会面

再见到江南，已是初冬。

她穿着黑色的毛呢风衣，戴着贝雷帽，坐在工作室楼下的漫咖啡屋等我。她说，经过的时候，看见里面的灯光，觉得温暖，就想请我一起来喝杯咖啡。

她说，她知道心理咨询师是不可以和来访者喝咖啡的，也不可以和来访者做朋友。但她相信，我会为她破例。

我失笑。我说，是啊，我正好也厌倦了中规中矩的生活，谢谢你给我一个机会破例。

然后我们相视大笑，像多年的老朋友。

江南说，她的治疗最近有了新的转机。一位美国的朋友为她联系了一个医疗实验项目，大概是通过基因层面的改变，调动人体自身免疫力，攻击癌细胞。她已经入组，并且接受了基因中心的追踪，每月定期去复诊，提供基因改变的数据。

听起来像科幻电影里的情节，我不禁有些担心。江南倒是很坦然，她说，没事，即使失败，大不了就是同样的结局，没什么输不起的。
而万一成功，那不是皆大欢喜吗？

"不过倒是有另一种可能，"江南故作神秘的靠近我耳边，"说
不定下次你见到我的时候，我会变成蜘蛛侠，或者绿巨人。"说罢，
没心没肺地大笑起来。她笑得身体发颤，像冬天里褪去树叶的枝条，
被大风吹得凌乱摇摆。

我说："江南，你心里真的像面上一样轻松吗？"

她看着我，渐渐收了笑容，手里的咖啡勺在杯子里不断搅动，发
出叮叮当当的声响。

"林寻，你怕死吗？"她的声音很轻，却很清晰。

"怕。很怕。"我看着她的眼睛。

她轻轻地笑，摇头。"不，你不懂。你不知道死是一种什么样的
感觉。"

"是什么感觉？"

"那种感觉，就好像你将要去一个地方，一个所有人都害怕的地
方。在那里，没有你爱的人，没有你熟悉的一切，什么都没有，只有
你自己。像一口深不见底的洞穴，你猛然跌进去，就再也出不来了，
只能在黑暗里不断不断地往下坠。"

江南的眼神里，有深深的阴影。

她说："林寻，我不怕死，我只是害怕，一个人去死。"

我伸出手，握住她。她的手冰冷，手背上还贴着输液留下的胶布。

我努力想捂暖它，却发现，无论如何都捂不暖。

我说："江南，你不是相信佛菩萨吗？佛菩萨会保护你的，不会让你受苦。"

她看着我，点点头："对，佛菩萨会保佑我的，不会让我受苦。《西藏度亡经》里说，人死了会变成'中阴身'，也就是灵魂状态，这时候会有神来渡我们。这些神有的看起来善，有的看起来恶，而不管是善，是恶，都是来渡我们的。只要跟着他们走，不被这一世的执念所牵绊，就能去到好的归所，得到轮回转世，或者去往极乐世界。"

"那么，是轮回转世好，还是极乐世界好呢？"我问。

"按理说，当然是极乐世界好，那里是净土，没有悲伤没有痛苦，只有快乐。但，我不想去那里。我想再入轮回，再做人，遇见小舟，和他好好地在一起，幸幸福福地过一辈子，再也不错过。"

江南的嘴角又勾起温柔的弧度。

那是我永远都看不懂的弧度。

临别，我教给江南自我催眠疗愈的方法，让她每天找一个时间练习冥想。在自己喜欢的画面里，想象身体每一个部分、每一个细胞都在自我疗愈。有时候，如果医药无能为力，我们最后可以依靠的也只能是自己。多一分尝试，多一分希望。

我希望，下一次见到她，她没有变成蜘蛛侠，或者绿巨人。她好好在那儿，我就安心了。

## 第七次，电话……

一个月后，接到江南电话。

她说，最近状态不好，想见我，却出不来。

她谢绝了我去看她。因为自己也说不准哪一天在家，来来回回往返医院，日子都乱套了。

她说，房子还没有卖出去，钱已经快花完了。好在慈善总会刚通过了她的赠药申请，如果能用上赠药，每月就能省下两万块钱。只是，听说申请通过后，还要等很长时间才能领到药，好些病人就死在等药的路上。江南说，这个月的药已经快吃完了，也不知道自己有没有命活着等到那一天。

我宽慰她，说佛菩萨会保佑她的，她一定会幸运。

她挂断以后，我给一位朋友拨通了电话，她是慈善总会负责赠药的工作人员。

听我说完江南的事，朋友沉默了。半晌儿，她说："林，你知道吗？这是一场生命的排队。每一个人每一天都在巴巴地盼着，这两万块钱的药，就是他们的命。现在，若这个队伍中插进去一个人，就会有另一个人被挤出来。而生命的重量，本应是相等的。对于那个被挤出来的人而言，这不公平。"

我的心忽然空如旷野，只听见大风呼啸。

　　傍晚的时候，江南激动的打来电话，说她接到慈善总会通知，这个疗程一结束，立刻就能领药。

　　她说，自己真的好幸运，佛菩萨在保佑她。

　　她还说，等这一段治疗结束，就跑来找我喝咖啡。她最近又做了好多梦，等不及要讲给我听。

　　挂断电话后，我泪流满面。

　　我该高兴吗？该难过吗？该为谁高兴，为谁难过呢？


　　这是我最后一次听见江南的声音。

　　不久，她便去世了。

　　她还欠我一杯咖啡没有喝，还有许多的故事没有讲完。

　　我不知道，她有没有如愿去往下一个世代，在那里，有没有遇见她心心念念的人。只希望，在那个世界里，她不再惘付了深情。

# *Letter 40*：站在废墟之上的天使

林 寻：

看了你的信和案例，感触颇多。

江南的故事，写得很克制，却能清晰感受到你内心的激荡。有时我在想，一个人该有多强大，才可以如你一般，在死亡面前去抚慰一个个绝望的灵魂，给他们温暖和希望。在他们走后，用漫长的时间独自平复。

你是站在废墟之上的天使，世事无常和人间冷暖会在你身上留下伤痕，也会让你更强大、更美丽。而我，是征战沙场的战将，日复一日面对淋漓的鲜血和惨烈的现场。手术室里、无影灯下，没有什么比生死更加寻常。死亡会带给我痛觉，也会让我更勇敢、更坚定。

我们都是与生死使命相伴的人。这样真好。

这些天我在想，对于生命末期，灵性关照确实是温暖的归宿。然而，还有许多人，和我们一样是唯物主义者，对灵性和宗教少有亲近。生命的终结，对于他们而言就是消亡。那么，到底有什么，可以帮我们对抗消亡的恐惧。

曾经读过维克多·弗兰克尔的一本书，叫《活出生命的意义》。他在书里说："即使面对无可改变的厄运，人们也能找到生命之意义。""知道为什么而活的人，便能生存。"

我想，也许，知道为什么而死的人，也便能无惧死亡。

小时候，我爱看金庸的武侠。《神雕侠侣》里，有一对侠肝义胆、纵绝江湖的侠侣——郭靖和黄蓉，为了守护故土，在与蒙古兵的对决中双双殉了城。我当时想，他们为什么不怕死，"忠义"两个字竟如此重要？

后来，看到《天龙八部》，里边有一个小姑娘叫阿紫，她爱上盖世英雄乔峰。乔峰在雁门关外舍生取义，阿紫抱着乔峰的尸体跳下山崖。我又想，这个小姑娘何以不怕死，爱情竟比生命重要？

长大以后，我逐渐明白，小说的世界虽非现实，但人性是一样的。一个人，只要心中有了某种意义，生死是可以为之让步的。

记得大学期间，"非典"闹得举国上下草木皆兵，电视里每天播报各地死亡的人数。我们医学院里，则不断传来前线医护人员的死伤状况。疾病面前，都是血肉之躯，我们一样心怀恐惧。但内心的责任让我们日夜难安，诸多学长们仍不顾凶险，奔赴医院参与救治。

汶川地震那年，看到灾难现场的报道。在天摇地动中，有父母为了保护孩子用身体挡住倒塌房梁，有老师为了营救学生献出自己的生命，有搜救人员彻夜劳顿猝死在救援营帐中，更有无数志愿者和车辆，丧生于救援的险途。而尽管如此，来自全球的救援者们，仍不顾一切奔赴现场，冒着生命危险抢救灾民。

我想，人真的是可以无惧死亡的，只要找到生命的意义。不管那意义是什么，是忠义、是爱情、是信仰、是责任，还是任何其他的信念，只要找到了，便有了支撑内心的力量，便不再害怕"死"所带来的消亡。

只是，该如何去找到这意义？对于临近生命尽头的人，这意义又该从何而来、去向哪里？

我想知道，你陪伴过的人里边，有没有人找到答案。

未然

2017 年 12 月 17 日

# *Letter 41:* 如果不得不死, 怎样才能"不死"?

未 然:

　　每次读你的信, 我都会坐在窗边, 捧一杯热咖啡, 让阳光如流水洒满房间。这一刻, 既像倾心交谈, 又像安然独处。每一次你开启的话题, 似乎都是我内心盘旋已久的声音。

　　你说, 我们是使命相伴的人。这样真好。

　　还记得我提起过的肝癌患者吗? 他曾与我讨论自杀, 以及对病友的"邪念"。最近, 我们的咨询进行到了第六十个小时。他问了我一个问题, "如果不得不死, 那要怎样才能'不死'?"

　　他说: "我不甘心, 我才四十多岁。别的人, 他们有孩子, 即使死了, 至少基因还可以延续下去。可我, 什么也没有……我知道自己必死无疑, 但我害怕'人死万事空'、害怕'灰飞烟灭'。"

　　他说: "林老师, 你告诉我, 我该怎么办? 我不相信医生、不相信自己，我只相信你！"

我不知如何回答。一个人的生命如果必须终结，那还有什么可以算作"不死"？又是什么，让他相信这"不死"的可能性确实存在？我想了想，大概，他所探寻的，就是你所说的"意义"。只要这"意义"活着，他便可以"不死"。

我说，我看过三种"不死"的方式，不知道会不会适合你：一种是"回忆不死"，一种是"价值不死"，还有一种是"器官不死"。

你所害怕的"人死万事空"，其实不是真的。人死不会万事空，而会留下许多的回忆，驻留在生者的心里。比如，我会想起去世的爷爷，想起他的音容笑貌，就像岁月定格在最温馨美好的瞬间，他在我心中不曾离开，亦不会老去。我想，只要我活着，他便也"活着"，活在我的生命和记忆里，宛如永生。这，便是"回忆不死"。

我曾认识一个女孩，她从哈佛博士毕业，放弃了优厚的职业机会，在北京开了一家"回忆工作室"，专门替老人写回忆录、人生传记和墓志铭。她说："这是一种极珍贵的生命传承，对一个家族而言，只要这份回忆在，整个家族的血脉和亲情都会得以延续，世代相承。"这一份"活着"，超越了个人生命的限制，成为了时间洪流中，最坚实的永恒。

说到"价值不死"和"器官不死"，这个想法源于一个人。她是我所主持的节目《大象船长》第二期里的嘉宾，45 岁的乳腺癌晚期患者，癌细胞已经骨转移。她在一个病友志愿者公益组织中担任"守护天使"，专门帮助病友们解决治疗期间的困难、开解心结，提供一切可能的支持。

她说："有一次，我看见一个年轻姑娘，从诊室里出来就蹲在走廊里哭，我过去安慰她。她哭得无比凄惨，说自己确诊了乳癌，都二期了，活不下去了。我就笑了，我说，'姑娘，你猜猜我几期了？告诉你吧，姐姐我，都四期骨转移了，我还在这活得好好的呢，轮不到你要死要活。你呀，给我好好活着。听姐姐的话，该让怎么治就怎么治，保准你死不了！'姑娘听后，惊得瞪大了眼睛，连哭都忘了。后来，我们病友团一直帮扶这个姑娘，直到她手术顺利结束，平稳进入到治疗和恢复阶段。"

她说："我看着这些病友们，一个个都好起来，我就开心。我觉得，自己虽然日子不多了，但分分钟都活得有价值。我帮过的人会记得我，他们会认可我做的事，我来这世上一趟，能影响那么多人的生命，也算没有白来。我没活够的，他们会替我活下去。"

然后，她跟我说，打算在死后捐献所有器官：角膜，心脏，肾等。

她还说："如果我死了，我的眼睛还在另一个人身上看见光明，我的心脏在另一个人胸腔里跳动，我的肾脏在另一个人身体里工作，这是不是代表，我就根本没有死。我的器官活着，我就活着。"

讲完这些故事，我问我的肝癌来访者："你说，他们这样，算不算'活着'？"

他眼里的混乱一点点平息下来。沉默了很久，他闭上眼睛，说：

"让我想想。"

是的，生死面前，从没有"容易"二字。我们都需要好好想想，从生到死，从死到生。

他走后，我问自己，如果我也有这样一天，我会如何选择。我想，我大概也会和那位"守护天使"一样，用最后的生命实现自己的价值，然后把器官捐献给需要的人。如此，便是死亡对生命最好的守护，也是生命对死亡最真诚的敬意。

未然，你呢？我想知道，你会怎么想。

林寻

2017 年 12 月 20 日

# Letter 42：这是比死亡本身更残忍的假设

林 寻：

读到你的信是晚上 10 点半。

今天我做了两台造影、一台手术。午餐没吃上，在手术室喝了两袋 500 毫升的葡萄糖。晚上回到宿舍是九点半。在抽屉里找到三颗袋装卤蛋、一包火腿肠，一罐可乐，全部消灭了填饱肚子。这就是我的生活。

与你写信的时光，是奢侈的独处和相伴。你像一束阳光照进我的世界，从此我不再孤单。谢谢你，在我生命中温暖地出现。

你与来访者的对谈，让我对生命有了新的领悟。原来，在死亡之外，还可以有无限生机。只是我们受困于躯体的禁锢，忽略了精神的生命。而躯体终将损毁，精神的延续才是真正的救赎。

你问我，如果我面临那一天，会怎么选择？这个问题很特别。以往，我们讨论的都是别人的死亡，而这一次，我们讨论的是彼此的死亡。这是一个冷酷的话题，却审慎而真实。

我想，我的选择大概和你一样——用有限的时间，实现自己的价值，死后，把器官留给需要的人。甚至，会考虑捐献遗体给医学院用于教学。当然，在我们这个死者为大，逝者安息的传统民俗中，这一切必须有一个前提，那就是，家人的理解和支持。一个负责任的人，不会只顾自己的情怀，而让深爱自己的亲人受到伤害。这，也是我想对你说的话——如果真有那么一天，我不知道，会不会支持你捐献器官。因为，我可能受不了。

你见过接受器官摘除手术后崩溃的亲人吗？你知道那是一种怎样的感觉吗？

我见过。

我亲眼看见，那俱身体的母亲，伏在地上撕心裂肺的痛哭，"我的孩子，我的好孩子，妈妈的心疼死了、疼死了……"她撕扯着自己的头发，捶着自己的胸口，悲痛到疯狂。那是我这一生都忘不了的场景。

去世的，是我的好朋友，38 岁的青年医生，两个孩子的爸爸。胰腺癌，从发现到去世仅两个月。他捐献了所有健康的器官。在遗体告别会上，从外地赶来的母亲看到棺木里躺着的儿子，悲痛欲绝、几度晕厥，所有在场的亲朋一片凄怆。那一幕，我至今不敢回忆。

我在想，他的妻子和孩子，为了他的心愿，需要鼓起多大勇气、忍受多少创伤和痛苦。这是怎样一种残酷的勇敢，沉痛得让人不忍直视。

他是无私的，也是自私的。他是大爱的，也是无情的。

而我，根本不能想象，如果躺着的人，是你。这是比死亡本身更残忍的假设。我受不了。

抱歉，如果我的回答让你失望了，但这是我内心真实的声音。每个人都有自己的软弱，而我的软弱处，是你。

未然

2017 年 12 月 22 日

# *Letter 43*：求求你，放弃我吧

未 然：

你亦是我生命中的光亮。

每一次迷惘难行，每一次怀疑自己，我都会在心底听见你对我说：林寻，不要放弃你的梦想。

于我，你像信仰，是撑起我的骨骼和力量。我亦希望，能成为你心底温暖的守护，没有软弱，没有彷徨。

我想，你的朋友是勇敢的，也是温柔的。他和他的妻儿，都做了最有意义、最美好的选择。也许，最后的瞬间，那样一俱躯体会让人肝肠寸断、伤心欲绝，可是，他的眼睛会在另一个人身上重见光明。他会透过那个人，看着这个世界，看着自己深爱的妻儿和父母，在岁月中平静幸福、慢慢老去。当家人想念他的时候，还能找到他的痕迹，看见他的眼睛，听见他的心跳，感受到他的柔软，这一切，都比冰冷

的墓碑来得更安慰和温情。这，才是爱，更深情的表达方式。

　　就像你说的，"知道为什么而死的人，也便能无惧死亡"。换个说法，"知道为什么而承受痛苦和牺牲的人，也便能勇敢无惧。"我想，这位朋友的妻儿能够支持他的选择，必是懂得他的心意，这一份成全，才是生命尽头难能可贵的礼物。

　　说到成全，这些天，我的肝癌来访者又带给我一个难题。

　　他说："林老师，我真的累了。我知道你一直鼓励我活着，但如果一直活在痛苦中，毫无生存的希望，这样的煎熬还不如死。我现在最大的心愿，就是可以没有痛苦的死去。你能支持我吗？"

　　他还说："我的家人不理解。他们只要我活，不管受再多折磨、再多痛苦，不管后期怎么插管、切开哪里、怎么感染、怎么疼，他们都不管，他们觉得我活着就好……那种恐惧你懂吗？我的命由不得我做主，我自己说了不算，医生不听，医生只听他们的……"他眼眶通红，声音嘶哑，一个四十多岁的男人随时要失控哭出声来。

　　他把脸埋进手掌里，用力地摩擦。很长一段时间。他说："前一阵，我看《南京大屠杀》纪录片：几个鬼子兵，能押着几千人去活埋。这些人里边有青壮年的男人，甚至还有民兵。没有人反抗，大家都安静顺从。我媳妇在旁边看不下去，说那是奴性。她不懂。可我懂。我知道，那叫认命。就像我一样，反抗没有用，就认了。"

　　他抬起红肿的眼睛，看着我，说："林老师，求求你，放弃我吧，别再鼓励我活下去了。我实在撑不住了。除了坚强、除了忍耐，难道我就没有放弃的权利吗？难道我必须要等到最后那副惨状，才被允许放弃吗？求你，让我休息吧，让我平静地去死，好不好？"

我用力压住眼底的波澜，看向窗外。半晌儿，我说："你是在寻求我的允许吗？还是，希望我替你的爱人、你的家人、替这个世界，允许你去死。"

他痛哭起来。像个伤心的孩子，无法停止。

他走以后，我也落泪了。我不知道自己是对、还是错，我开始怀疑，这样不断鼓励他活着，是不是自己的执念？一个人既然如此痛苦，既然撑不下去了，那为什么，我们不能接受他放弃？他又为什么必须选择继续？

我想起你在给我的第一封来信中说过，你说，当你看见那些躺在床上的植物人，你想问他们，如果可以选择，他们是愿意这样活着，还是愿意死？

我忽然在想，如果有那样一天，如果我面临这样的处境，我会如何选择？我想，我会选择死。我会想尽一切办法，逾越家人的挽留和一切障碍，在痛苦的活着和舒适的死亡之间，选择后者。

假设，只是假设，如果我走到这样一天，你会支持我吗？你，会帮我吗？如果我对你说："请你帮帮我！"，你会怎样做？

林寻

2017 年 12 月 26 日

# Letter 44：人生如棋，落子无悔

林　寻：

　　我发现，我真的不擅长讨论当下的话题——你的死。你对这个假设乐此不疲，我却陷入从未想过的困境。

　　我想起小时候听过的一个故事。那时我上小学。每天放学，爸爸都骑着自行车载我回家。回家的路很远，往往出发是傍晚，走着走着就繁星满天。大东北的天空一望无际，爸爸就给我讲这些星星的故事。其中一个，就是天琴座——夏季星空的银河西岸，一片明亮的星群。

　　据说，天琴座的主人叫奥路菲，是一位天赋异禀的少年。他的琴音令天地为之动容、四季为之流连、万物为之顿首。奥路菲的爱人叫尤利西斯，是他灵魂的伴侣，两人深爱，形影不离。不幸，某日死亡突然降临，夺走了他的爱人。奥路菲痛苦万分，一路追随尤利西斯的灵魂来到冥界。冥王哈迪斯听到他的琴音，掉下了平生第一滴眼泪，

答应把尤利西斯还给他。然而，在返回人间的途中，奥路菲不小心违反了与冥王的约定，尤利西斯失去了复活的机会。奥路菲悲痛欲绝，决定永远留在冥界，终其一生为爱人演奏悲伤的乐曲，不再返回人间。

听到这个故事的时候，我望着湛蓝天幕里那架璀璨的天琴。我在想，奥路菲为什么不怕死？一个活人为什么愿意永远待在死亡的国度里？

长大以后，我逐渐明白，比死亡更残酷的，是一个人活着，却无能为力，只能眼睁睁地痛失所爱。

也许，对于生死，没有人可以真正超脱。我曾以为自己会很坦然，常年与生死为伴，早已习惯。却不曾想，让我恐惧的，是另一个人的死。一如天琴座那位少年。

我想起你的来访者。他的死，会不会也是另一个人的恐惧？所以他才祈求你，替那个人，给他允许。

塞林格在《麦田守望者》里说："一个不成熟的人的标志，是他愿意为了某个理由而轰轰烈烈地死去。而一个成熟的人的标志，是他愿意为了某个理由而谦恭地活下去。"

你说，你开始怀疑，不断鼓励他活着是不是自己的执念？如果活着那样痛苦，为什么我们不能接受他放弃？

我想说，如果连这一点执念都没有，那作为医生、作为心理咨询师，我们存在的意义又是什么？

于他而言，的确，死是更容易的事情，一切问题就此解决，放得下、放不下的都放下了，结束了。可这结局太潦草，对于爱他的人，对于所有为他而坚持努力的人（包括你），这都不是一个负责任的交代！

死亡不应仅仅是一个结束，它是漫长人生这幕剧的大结局。这结局该有谢幕、有反思、有告别、有升华，它该是一个历程，引导生命从不成熟走向成熟，引导人生从平淡归于凝练与意义。它是一个郑重而神圣的仪式，一如婴儿的出生、一如爱侣的婚礼，不容草率、不容敷衍。

人越是身处绝境，越该清醒。生命本就不属于我们个人，它由父母之爱创造，因他人之爱生长，即使濒临末路依旧牵动着无数爱与关怀，所有这些，都不够成为支撑他活下去的理由吗？如果真是如此，那他需要的不是你的允许，而是所有爱他的人的宽恕。

人生如棋，落子无悔。有执念的不是你，而是他。不论如何，你只是陪伴者，做决定和承担后果的人，永远只能是他自己。

别想太多。最近你太过投入，或许该适当抽离一下了。照顾好自己。

最后，回答你的问题：假设，你真的走到这样一天，我不会支持你放弃。我会说："林寻，请你为我，活下去！"

未然

2017 年 12 月 28 日

# *Letter45：我不认识她，却想为了她活下去*

未 然：

新年快乐！

从工作室走回家，一路都是星星点点的彩灯，新年快乐的歌声满大街流淌。不知此刻，你在哪里？在做什么？下班没有？不管怎样，都希望你是快乐和温暖的，就像这温馨的街景。

抱歉，这段时间我的假设让你为难了。

谢谢你的答案。很温暖，也很熟悉。在我很小的时候，也曾有人让我有过这样的感觉。虽然我不认识她，在那一刻，却想要为了她，活下去。

记得 4 岁那年，我得过一场罕见的疾病。猩红热与鼠伤寒两种病毒，同时出现在我的身体里。以当时的医疗水平，是令人绝望的处境。高烧了 40 天后，我的肠道大面积溃烂，无法进食进水，奄奄一息。

主治医生说："我们最后做一次尝试，有一种进口的新药，副作用非常大，会导致严重虚脱和休克，能不能挺过去就看孩子的造化了，这是最后一线希望。"

那一天，我从昏迷中醒来，听到这段话。那是我人生第一次开始思考死亡。我想，如果失败，他们就会放弃我了吧。我是一个即将被放弃的孩子。

记得那天中午，病房的走廊里传出巨响。有惊叫声，有慌乱的奔跑，有东西被撞倒撒落一地，有玻璃破碎、四散飞溅，更有一种狗叫般的咆哮，四处流窜。爸爸从门缝里张望了一阵，说："隔壁那个狂犬病人跑出来了。刚冲进了护士站，又冲进了前面几个病房。这层楼里能跑的全都跑光了。医生护士也跑了。"说完，爸爸反身把门栓插好，把铁质的床头柜移过来抵住门。

妈妈很焦急，说："再有一会儿，吊瓶里的液体就输完了，孩子得换药怎么办？"爸爸拿过输液瓶记下药名，说："一会儿趁他不注意，我冲进护士站拿药，拿回来，你给孩子输上。"

时间一分一秒过去，我吊瓶里的液体渐渐接近底部。爸爸挪开抵在门边的铁皮柜，准备冲出去拿药。正在这时，传来一阵急促而轻微的敲门声："快开门，快开门，我是护士。"爸爸赶紧打开门。一个小护士拎着一串输液瓶冲了进来，惊魂未定，声音颤抖地说："吓死我了，吓死我了，差点被他看到。"妈妈问她："大家都走了，你怎么没走，你不怕吗？"她一边换药一边说："怕呀，但我不能走，我走了，这个孩子怎么办？"

　　多年以后，我依然清晰地记得那一天，那个小护士的脸，她害怕却坚定的表情。我从没想过，一个除了父母以外的陌生人，会为了我——一个随时都有可能死去的孩子，甘愿拿自己的安危去冒险。

　　也就是在那一刻，我忽然有了一个念头，"不管怎样，我要活下去！"

　　有时候，当一个人为了自己活不下去时，却可以为了另外一个人，活下去。

　　那个人，就是照亮我们生命的光。

　　她曾是。你也是。

林寻

2017 年 12 月 31 日

# Letter 46：你活的是人生的长度，我活的是人生的宽度

林 寻：

　　谢谢你的祝福！说来遗憾，这个新年我正好值夜班，错过了彩灯、街景和大餐。不过没关系，下一个新年我们一起过，好吗？

　　你的童年故事很动人。我想，也许正因为这样的经历，你才更在意那些困境中的人，想要去守护他们。我看了前天的新闻，你做了城西医院病友团的"守护天使"。为你骄傲。我在想，耀眼如你，生命中想必有着太多光亮，他们如舞台上的镁光灯，照你一路繁华、前程似锦。而我，更愿做你的星光，守护你漫漫长夜，不孤单、不迷航。

　　这些天，我见了一个朋友。他是一个法官，之前在监狱系统工作过多年。我们一起撸串喝酒，他跟我聊起一些有趣的事，讲给你听听。

　　我问他："监狱里那些死囚，他们临死之前都在想什么？"

　　他笑笑，说："想什么的都有。我觉得吧，大部分是想：自己为什么死，怎么跟自己交代，怎么才算死得明白。人嘛，知道死定了，也就不纠结了。找个理由自我安慰，也算精神寄托。这个理由真不真实不重要，重要的是，你信它，它就能让你安心去死。"

　　他一边剥着手里的蒜瓣，一边漫不经心地说："来，我跟你讲两个故事。"

　　"前些年我还在办案的时候，审过一个女犯，印象很深。是个二十来岁的姑娘，刚上班没多久，小储蓄所的职员。半年之中，利用职务之便挪用公款 3000 万，之后潜逃，钱也追不回来。这种情形按照司法解释，就定了贪污，量刑是死刑。

　　"审她的时候，女孩看起来单纯干净，我们也有恻隐之心，就劝她，说出赃款去向，如果能追回来，哪怕是一部分，也能争取减刑。不至于年纪轻轻丢了性命。但女孩就像吃了秤砣铁了心，什么也不说。

　　"后来，我们根据种种线索，发现这些赃款的使用者是一名外省的男性，并通过跨省协查，找到了这个人。当时，他正在夜总会玩乐，挥金如土。就是这个男人，利用女孩的感情，在半年之中数次编造理由，骗女孩为他筹钱。所得钱财大部分挥霍掉了，剩下的不知藏在哪里。我们告诉他，如果交出余款，女孩还有一线生机。但男人始终不为所动，把所有责任推得干干净净，声称自己对女孩挪用公款毫不知情。

　　"后来，我们告诉女孩男人的所为，问她：'你要不要翻供，这是最后的机会。'女孩低下头，淡淡笑了笑，什么都没有说。

"宣判那天，女孩表情平静，好像在听一席事不关己的死刑判决。

"事后，我问她，'你后悔吗？你知道，他根本不爱你。'她没有抬头，声音冷淡，'没什么好后悔的。我爱他就行。我死了，他这辈子都忘不了我。'

有意思的女孩，对不对？那个男人有没有记住她，我不知道。我倒是记住了。"

朋友剥完手里的蒜，一颗颗扔进嘴里，喝了一口酒。半晌儿，又接着说。

"还有一个人也很有趣。他是个毒贩。确切地说，不是一个普通的毒贩，而是一个有精神追求的毒贩。他自己吸毒，还专门在网络上建了一个群，和其他吸毒的人一起交流精神的感受。

"我见到他的时候，他的死刑刚宣判完。整个人骨瘦如柴，浑身溃烂，身上多处溃烂的伤口不断渗出脓液，散发着恶臭的气味。我问他：'你瞧瞧你这样子，这辈子就葬送在点粉儿上了，值当吗？'

"他睁开微闭的眼睛，干涸的嘴唇抖了抖，说：'你们不懂！快乐，你体会过吧，一百倍的快乐，一千倍的快乐，你体会过吗？激情，你体会过吧，一百倍的、一千倍的激情呢？告诉你，我都体会过。只有这些粉儿，能让你明白这种体验。这，才是真正极致的精神追求。我们之间，没有高尚和低贱的分别，只有追求不同。你们活的是人生的长度，而我，活的是人生的宽度。'

我给他还在流脓的伤口上扔了一块纱布，说：'醒醒吧，没有长度，哪来的宽度？＇"

　　朋友说完，看着我笑，说："怎么样未然大医生，有趣吧？各个都是奇葩。这脑回路，咱真心看不懂！"

　　他说："你该走出你的手术室，看看外面世界的生死，那些才是真正的精彩。"

　　我想，他说得对。我该走出我的手术室，看看外面的世界。死亡真的是一件极具个性的事情。也许，我们毕生都搞不清楚它的奥义。也正是如此，它才有趣。

　　最后，还有两个小时就是新年了。新年快乐，林寻。

未然

2018 年 1 月 1 日

# *Letter* 47：往前走，别回头

未 然：

　　谢谢祝福。下一个新年，我们一起过。

　　你朋友的故事很精彩，也很特别。真是一个有趣的人。

　　有时我在想，我们拥有同样的生命，存在于同一时空，可内心却活在各自不同的世界里。人和人，好像漂浮在茫茫宇宙中的小小星球，只能彼此遥望，无法相互抵达。

　　我也认识一个有趣的人，他是一名极限探险爱好者。曾一个人背着包，在西藏徒步 21 天，穿越人迹罕至的无人区。也曾在大雪纷飞的深冬，带着十几个人的新手团队登顶玉珠峰。还曾在高达 500 米的雪山悬崖速降，又在云贵高原乘滑翔伞飞行千米高空。

　　他有很多故事。只要你有酒，他就给你讲。

　　有一次，我问他："穿越无人区是一种怎样的体验？"

　　他一边喝酒，一边眯起眼睛，说："那种感觉很难表达，就好像行走在生死之间。"

　　"你看见远处的神山，终年积雪，在太阳底下银白耀眼。一路上，你会遇见稀稀拉拉的朝圣者。藏族同胞很虔诚，一步一叩首，走得很慢。很多人都年老体迈，他们去做最后的朝圣，并且希望死在朝圣的路途上。对他们而言，这是最完满的归宿。所以，一路上都有流浪的藏獒跟在人身后，远远尾随。如果人倒下爬不起来了，它们就跑过来，把人吃掉。"

　　他说："我走的时候，也有几只藏獒跟着。每次我快坚持不下去了，就回头看看它们，再抬头看看远处的神山。前边是希望，遥不可及，后边是死亡，不可预期。那种感觉，就像生死同时在你左右手边，走向谁都是再自然不过的事情。心里很安静，没有杂念，没有恐惧，只有一个念头——向着神山走下去。半个月以后，我出来了。"

　　"你知道，出来后我想什么吗？"他笑，喝酒。不等我回答，自己接着说，"我忽然明白，人要达成梦想其实很容易—— 一心想着目的地，往前走，别回头。记住这句话，你就能走到任何你想去的地方。"

　　后来，很多次，在我快要撑不下去的时候，都会想起他说过的景象——天高地阔的青藏高原，前边是神山，后边是藏獒；还有他的话：

　　"一心想着目的地，往前走，别回头。"他说，"记住这句话，你就能走到任何你想去的地方。"

我相信他。

因为，他是我爸爸。

虽然我无法理解他的世界，我不懂挑战生命极限为何让他乐此不疲和痴迷，但，我喜欢听他讲故事。

故事里，总有我到不了的远方，和我将要去的地方。

如果你感兴趣，以后我再给你讲。

林寻

2018 年 1 月 5 日

# Letter 48：无法被死亡摧毁的，必定比死亡更强大

林 寻：

我喜欢你的比喻：我们好像茫茫宇宙中的小小星球，只能无限接近，无法真正抵达。有的人是恒星，发光发热照亮周围的星系，就像你；有的人是卫星，围绕着固定的轨道奔忙一生，就像我；而有的人是流星，转瞬即逝，就像我的朋友故事中的人。

人和星球一样，都有着自己的宿命和使命。所幸，灿烂星海中，我们是使命相通、宿命相连的两颗。

你爸爸的故事实在出人意料。难以想象我们温柔知性的林老师，有着这样一位"跳脱"的父亲。

相比之下，我的爸爸平凡得多。他喜欢写论文，看很多书，历史的、天文的、古典文学的。还喜欢画画，画荷塘、画大海，画骏马，

还有丹顶鹤。他是个很有个性的小老头，有着自己的执拗和坚持。每每跟我论战，都用超长时间的缜密论述把我击败。所以，从小到大我都很识趣地不挑战他，包括传说中的青春期逆反，我也不敢症状明显。

　　记忆中，和爸爸一起最快乐的时光，就是他推着自行车，带我坐在车上，看星星。小时候几乎没有高楼，大东北的夜空一望无际，湛蓝得透明。漫天的星星一闪一闪，像镶嵌在夜空里的钻石。爸爸给我讲这些星星的故事，牛郎织女星，大熊座，小熊座，天琴座，天鹰座……我最喜欢的是猎户座，冬季星空里的"屏霸"，两个"大三角"加上一条三颗星的"腰带"，霸气十足，任你认错谁也不会认错它。相传，猎户座原本是个英勇盖世的猎人，与月亮女神相爱。太阳神阿波罗反对妹妹与凡人相恋，设下陷阱，骗女神亲手射杀了自己的爱人。女神痛失所爱，伤心欲绝，抱着猎人的身体飞上天空，化作夜幕中的猎户座，从此星月相守，永不分离。

　　听起来有点像西方神话版的"梁山伯与祝英台"。那时我就在想，爱情真是神奇，连死亡都无法将它损毁，反被它渲染得浪漫和深情。这世上，无法被死亡摧毁的，必比死亡更强大。

　　后来，随着我逐渐长大，爸爸工作越来越忙，不再有时间带我看星星了。记得上学那会儿，因为我是班里年纪最小的，总是懵里懵懂，记不清作业，听不懂题，爸爸就常常帮我做作业，让我去睡觉。而我，竟然也就这样，糊里糊涂地过了一年又一年，读了小学、中学、大学，又念了硕士、博士、博士后。

说到这，我又想起你父亲的话，"一心想着目的地，往前走，别回头，你就能走到任何你想去的地方。"是的，就是这样。有很多人问我："读到博士后很不容易吧，你一定很有毅力，意志超常。"其实真没有。我是一个简单的人，只一心想着目的地，心无旁骛往前走，不知不觉就到了终点。

我羡慕你的爸爸，有那么多不平凡的冒险。可能我是生活得太寻常的人，这辈子最惊险刺激的经历就是，坐着救护车、拉着警笛在高速路上逆行狂奔。

当时车里躺着一位脑出血的病人，紧急转院去邻近的省会医院救治。我们的救护车在高速路上错过了一个出口。为了不耽误病人抢救，司机当机立断，在高速路上一个帅气的掉头，打开警笛，开足马力，往上个出口狂奔。那感觉，你不知道，简直酸爽至极！一辆又一辆飞驰的车子，对着疯狂逆行的救护车猛按喇叭，左右闪躲，像子弹一样从我们身边"嗖嗖"地擦过，那速度！就像是在拍美剧。你只能不断惊叹："我竟然还活着！"

后来，我们成功地在最短时间把病人送达医院。下车的时候，虽然大家只顾着病人，没人搭理我，我仍有一种英雄归来的豪迈感。

怎么样，有意思吗？我的故事肯定没有你爸爸的精彩。有空，你再给我讲讲。

未然

2018 年 1 月 11 日

# Letter 49: 只要你活着，终有机会征服它

未然:

你的经历也很有趣。在高速路上逆行飙救护车，想想就刺激，下次再玩这个项目，记得带上我!

我爸爸的冒险故事很多，给你分享一个对我触动最深的吧。

有一年冬天，爸爸带着一支十几人的探险团队，第一次挑战玉珠峰。

玉珠峰，海拔 6178 米，位于青海格尔木南的昆仑山口附近，是昆仑山东段的最高峰。高原严寒，氧气稀薄，探险队员们在山下的大本营训练了半个多月，做好了一切准备工作。正式登山的那一天，天气条件特别好，大家都很激动，对于登顶志在必得。

他们与另一支登山队同时开始攀爬，一支从南面上，一支从北面上。向上攀爬的过程，一路都很顺利。到了下午 4 点半左右，距离登

顶还有不到 200 米，风速却突然发生了改变，气温骤降。爸爸看了看太阳的位置，估算了一下温差变化，发现不妙，当即决定取消登顶，立刻下山。

当时，整个团队一片哗然。大家都心有不甘，只差最后 200 米了，半个多月的严酷训练，为的不就是登顶这一刻吗？如果今天登顶不成，下山后，体力无法在短期内恢复，就只能等明年了。同时，另一只登山团队出现在视线范围内，他们并没有下撤的打算。

爸爸态度坚决，他对团队说："现在下撤，留一条命，明年还有机会登顶，后年还有机会登顶，玉珠峰永远都在这儿。现在不撤，再晚半个小时就撤不下去了。要是命丢了，登顶还有什么意义？"

短暂争议后，整个团队开始情绪沮丧地下撤。同时，另一支团队决定留下，继续登顶。

撤回营地时，气候已变得极端恶劣。之前留在山顶的那支队伍遇险，向大本营发起营救请求。次日下午新闻播报，那支队伍里一人遇难两人失踪。据说，爸爸的团队下撤后仅半小时，暴风雪就初见端倪，那支队伍紧急下撤，但已撤不下来了，被暴风雪围困在半山。等救援队伍赶到，悲剧已经酿成。

爸爸跟我说这个故事时，正是我过度工作、身体出现状况的当口。不断的晕倒，心脏经常不舒服，让我时常恐惧自己会猝死。爸爸告诉我："你要记住两件事：第一，最关键的时刻，永远相信你的直觉；第二，再重要的目标，都不值得你用命去拼。就像玉珠峰永远在那里，只要你活着，终有机会征服它。"

　　我想，爸爸说的对，"玉珠峰永远在那里，只要你活着，终有机会征服它。"唯有活着，才有机会实现目标，达成梦想。

　　同一句话，与同是工作狂的你共勉。

　　知道你有做不完的手术，值不完的夜班。照顾好自己，前路还长，我们一起走。

林寻

2018 年 1 月 16 日

# Letter 50: 你愿意陪我去"飞刀"吗?

林寻:

我们似乎有一种默契,能感知对方的状态。好像这个故事,刚好说给此时的我听。

最近一段时间,我状态不是很好。可能在传说中的"职业瓶颈期",有焦躁,也有迷惘。总觉得自己成长太慢,距离理想状态太远,所以拼命接手术。每天四五台,常常干到半夜,顾不上吃饭,也不饿,倒下就睡,醒来又接着干。很麻木,没有成就感,觉得前路漫长,看不到日出的顶点。

前些天,一位外院的知名脑科专家来我们医院做手术,我跟他一起搭台。中途休息,我们聊起了多年前的那场意外失败的手术(记得我曾跟你提过,那场由国内知名外科团队操作,结果却意外失败的手术。当时,对我们的冲击都很大)。

专家一边吃着手术餐，一边问我："年轻人，你的手术出过问题吗？"

我摇摇头，说："没有。"

专家笑了笑，说："手术不出问题，不代表你水平高，只能说，你做得还少。你看我，一年六七百台手术，可能各个完美吗？问题的出现是有概率的。连机器都有发生故障的时候，更何况是人来操作。所以，出问题不可怕，有了问题去面对、去解决就好；可怕的是，因为害怕出问题而束缚了手脚，不敢操作、不敢前进、不敢探索，这样的外科医生，注定一辈子练不成刀，只能在这里开颅关颅罢了。"

专家拍了拍我的肩，说："年轻人，别着急成功，别害怕失败。一步步来，从手术量开始，找准感觉慢慢积累，功到自然成！"

我知道，青年外科医生的成长道路是漫长和枯燥的。像一个旷工，在暗无天日的矿井下日复一日地劳作，直到有一天，精诚所至，金石为开。

手术量的多少，决定你能否成为领域高手；自身的天赋和努力，决定你能否成为顶级专家。外科的"名刀"们往往数十年磨一剑，勤奋、天赋、机遇三者缺一不可，成名多在 40 岁以后。

我也向往有那样一天，像"名刀"们一样，飞到全国各地去做手术。我们管那叫作"飞刀"，是特别酷的事情。我最大的梦想，是带上我心爱的人去"飞刀"，我在里边做手术，她在外边等我，做完手术我们一起去吃大餐庆功，然后去游览当地美景。

所以，为了那一天，我要好好努力。等到我一年能完成五百台手术的时候，就可以出发了。林寻，你愿意陪我去"飞刀"吗?

未然

2018 年 1 月 20 日

# Letter 51：等潮水退了，你就上岸了

未然：

很理解你现在的状态，感同身受。一直以来，我也是一个对自己过于苛刻的人。我知道我们骨子里的相似——理想主义，活在对自己的期待里，难以放过自己。

说到这里，我又想起爸爸讲过的故事，如果你不嫌烦，我再讲给你听。

爸爸说，他年轻的时候，大约也是三十多岁，曾跟着边境的渔民架小船出海，去夜捕。趁着夜色偷偷潜入越南领海，撒网捕鱼，然后在天亮前返回中国领海。

深夜的大海一片漆黑，没有任何坐标，只能凭借天上的月亮和星光辨认方向。返航的时候，靠着渔民的经验和直觉往回走，走到差不多进入中国海域，就停下。爸爸说，四周海水茫茫，看不到岸，也看

不到港口，不知该往哪走。渔民就原地抛下锚，跟他说："回去睡觉，睡醒再说。"然后他们走进船舱，席地而睡。

醒来的时候，日头高起，低头一看，发现船已上岸。原来，天亮时分，潮水尽退，夜里抛锚的地方就成了岸。

爸爸说："以后，当你迷茫、不知该往哪走的时候，就原地锚住，等潮水退了，你就上岸了。"

这也是我想分享给你的话。就像那位专家说的："别着急成功，别害怕失败。功到自然成！"

我们一起，慢慢来。等着你带我去"飞刀"的那一天。

林寻

2018 年 1 月 25 日

后记

# 这是一场人人都涉身其间的战役

未然和林寻的故事，到这里就告一段落了。

不知道，在那个平行时空里，他们有没有相见。见面的时候，有没有一眼就认出彼此？没有没一起过下一个新年？多年以后，有没有一起去"飞刀"？

我只知道，在我们的时空里，生活还在继续。我依然每天在洒满阳光的咨询室里，听来访者们讲着他们的故事。何医生仍然每天在无影灯下的手术台，为每一个病人拼尽全力。生命和死亡，仍是我们每日必修的课题。

未然，林寻，何心，唐婧，还有，此刻的你，不管这世上有没有平行时空，我们都是与生死使命相连的人。

这是一场人人都涉身其间的战役。无人幸免。所幸，也不需要幸免。

正如泰戈尔所说："生如夏花般绚烂，死如秋叶般静美。"

是的。生，是幸福与意义；死，是温暖与回忆。我想，它们是没有彼此辜负的，它们都给了彼此最深情的爱与敬意。

唐婧

2019 年 7 月 17 日